全国高等职业教育技能型紧缺人才培养培训推荐教材

建筑工程施工项目管理

(建筑工程技术专业)

本教材编审委员会组织编写

主　编　项建国
主　审　李　辉

中国建筑工业出版社

图书在版编目（CIP）数据

建筑工程施工项目管理/项建国主编. —北京：中国建筑工业出版社，2005

全国高等职业教育技能型紧缺人才培养培训推荐教材. 建筑工程技术专业

ISBN 978-7-112-07170-8

Ⅰ. 建… Ⅱ. 项… Ⅲ. 建筑工程—工程施工—项目管理—高等学校：技术学校—教材　Ⅳ.TU71

中国版本图书馆CIP数据核字（2005）第079463号

全国高等职业教育技能型紧缺人才培养培训推荐教材

建筑工程施工项目管理

（建筑工程技术专业）

本教材编审委员会组织编写

主编　项建国

主审　李　辉

*

中国建筑工业出版社出版、发行（北京西郊百万庄）

各地新华书店、建筑书店经销

北京建筑工业印刷厂印刷

*

开本：787×1092毫米　1/16　印张：13¼　字数：322千字

2005年8月第一版　2013年5月第十一次印刷

定价：**24.00元**

ISBN 978-7-112-07170-8

（21047）

版权所有　翻印必究

如有印装质量问题，可寄本社退换

（邮政编码 100037）

本书主要包括：管理的一般概念；施工项目生产要素管理；施工项目安全生产管理；施工项目质量控制；施工项目进度控制；施工成本控制；施工项目信息管理；建筑工程资料管理；工程监理制度等内容。

本书在阐述基本理论和基本知识的同时，注重了方法的应用和项目施工管理执业能力的培养，并通过翔实的案例介绍使本书通俗易懂、内容新颖、实用性强，可作为高等职业教育建筑工程技术专业、建筑经济管理专业及相关专业的教材，也可供高等院校同类专业的师生和施工管理人员学习参考书。

* * *

本书在使用过程中有何意见和建议，请与我社教材中心(jiaocai@china-abp.com.cn)联系。

责任编辑：朱首明　刘平平
责任设计：郑秋菊
责任校对：刘　梅　王雪竹

本书编审委员会名单

主　任：张其光

副主任：杜国城　陈　付　沈元勤

委　员：(以姓氏笔画为序)

丁天庭　王作兴　刘建军　朱首明　杨太生　杜　军
李顺秋　李　辉　施广德　胡兴福　郝　俊　项建国
赵　研　姚谨英　廖品槐　魏鸿汉

序

改革开放以来，我国建筑业蓬勃发展，已成为国民经济的支柱产业。随着城市化进程的加快、建筑领域的科技进步、市场竞争的日趋激烈，急需大批建筑技术人才。人才紧缺已成为制约建筑业全面协调可持续发展的严重障碍。

面对我国建筑业发展的新形势，为深入贯彻落实《中共中央、国务院关于进一步加强人才工作的决定》精神，2004年10月，教育部、建设部联合印发了《关于实施职业院校建设行业技能型紧缺人才培养培训工程的通知》，确定在建筑施工、建筑装饰、建筑设备和建筑智能化等四个专业领域实施技能型紧缺人才培养培训工程，全国有71所高等职业技术学院、94所中等职业学校、702个主要合作企业被列为示范性培养培训基地，通过构建校企合作培养培训人才的机制，优化教学与实训过程，探索新的办学模式。这项培养培训工程的实施，充分体现了教育部、建设部大力推进职业教育改革和发展的办学理念，有利于职业院校从建设行业人才市场的实际需要出发，以素质为基础，以能力为本位，以就业为导向，加快培养建设行业一线迫切需要的高技能人才。

为配合技能型紧缺人才培养培训工程的实施，满足教学急需，中国建筑工业出版社在跟踪"高等职业教育建设行业技能型紧缺人才培养培训指导方案"编审过程中，广泛征求有关专家对配套教材建设的意见，组织了一大批具有丰富实践经验和教学经验的专家和骨干教师，编写了高等职业教育技能型紧缺人才培养培训"建筑工程技术"、"建筑装饰工程技术"、"建筑设备工程技术"、"楼宇智能化工程技术"4个专业的系列教材。我们希望这4个专业的系列教材对有关院校实施技能型紧缺人才的培养培训具有一定的指导作用。同时，也希望各院校在实施技能型紧缺人才培养培训工作中，有何意见和建议及时反馈给我们。

建设部人事教育司

2005年5月30日

前　言

随着我国世贸组织的加入，建设行业的逐步与国际接轨，各种与国际接轨的注册师应运而生。作为土木工程施工管理的专门人才，应该面对高风险的建筑市场，学习建筑施工项目管理，运用项目管理的基本理论和基本方法，实施施工项目管理，实现好、快、省、安全完成建设工程施工任务的目的。

本课程将通过课堂讲授和大型作业，使学生系统地了解、熟悉、掌握建筑施工项目管理的基本内容、基本程序和基本方法，掌握建筑工程项目从招投标开始到竣工保修全过程中各阶段的管理实施方案。把学生培养成懂管理、会算账、知行情、懂技术、肯吃苦、善公关的现代管理人才。

本教材根据全国高等学校土建学科教学指导委员会高等职业教育委员会制定的培养方案和本课程的教学大纲要求组织编写。本教材由浙江建筑职业技术学院项建国任主编并编写单元1、单元2、单元3、单元4、单元9章，浙江建筑职业技术学院陆生发编写了单元5、单元6章，四川建筑职业技术学院刘鉴秾编写单元7、单元8章。全书由四川建筑职业技术学院李辉教授主审。

本书编写过程中，参考了大量文献资料，在此谨向有关作者表示衷心的感谢。

由于编者水平有限，本教材难免存在不足之处，敬请批评指正。

目 录

单元1 管理的一般概念 ·· 1
    课题1 管理概述 ·· 1
    课题2 项目管理 ·· 2
    课题3 建筑工程施工项目管理的组织 ·· 11
    实训课题 ·· 23
    复习思考题 ·· 24

单元2 施工项目的生产要素管理 ··· 25
    课题1 施工人员管理 ·· 25
    课题2 施工材料管理 ·· 29
    课题3 施工机具管理 ·· 33
    实训课题 ·· 37
    复习思考题 ·· 47

单元3 施工项目安全管理 ·· 48
    课题1 施工项目安全管理概述 ·· 48
    课题2 施工现场安全管理 ··· 50
    课题3 施工安全事故处理 ··· 55
    实训课题 ·· 58
    复习思考题 ·· 59

单元4 施工项目质量控制 ·· 60
    课题1 质量管理概述 ·· 60
    课题2 施工质量控制 ·· 67
    课题3 施工质量验收、保修和质量事故处理 ································ 70
    实训课题 ·· 72
    复习思考题 ·· 74

单元5 施工项目进度控制 ·· 75
    课题1 施工项目进度控制的概述 ·· 75
    课题2 施工进度计划 ·· 76
    课题3 施工进度计划的控制 ··· 85
    实训课题 ·· 96
    复习思考题 ·· 97

单元6 施工项目成本控制 ·· 98
    课题1 施工成本控制概述 ··· 98
    课题2 施工成本控制的步骤和方法 ··· 102

课题3　施工成本核算与分析 ··· 108
　　实训课题 ··· 119
　　复习思考题 ·· 120
单元7　施工项目信息管理 ··· 122
　　课题1　信息管理概述 ··· 122
　　课题2　施工项目信息管理 ··· 126
　　实训课题 ··· 131
　　复习思考题 ·· 132
单元8　建设工程技术资料管理 ·· 133
　　课题1　建筑工程资料管理概述 ··· 133
　　课题2　建筑工程资料的归档及整理 ····································· 135
　　课题3　建筑工程施工质量验收 ··· 141
　　课题4　建筑工程技术资料用表 ··· 152
　　实训课题 ··· 175
　　复习思考题 ·· 175
单元9　工程项目监理制度 ··· 176
　　课题1　工程项目监理制度概述 ··· 176
　　课题2　建设工程施工阶段的监理程序 ·································· 180
　　实训课题 ··· 189
　　复习思考题 ·· 189
附录《建设工程资料归档范围和保管期限表》 ································ 190
主要参考文献 ··· 204

单元1 管理的一般概念

知识点：管理的基本概念，项目管理的基本理论和内容，组织机构的模式和项目经理部的设置。

教学目标：通过教学使学生了解管理及项目管理的基本理论，掌握项目管理大纲的内容、项目组织模式的建立和项目经理部的设置。

课题1 管 理 概 述

1.1 管理的基本概念

1.1.1 管理

管理，简单地讲就是管理人员所从事的工作。但这种工作的复杂性是因管理岗位的不同而发生变化的。

管理的目的就是管理者个人或是团体为了完成某一特定目标而获取一套行之有效的方法和措施。

1.1.2 效率

效率就是单位时间完成产品的产出或投入，通常是以尽可能少的投入得到更多的产出。管理也讲效率，管理的效率就是使你所管理的资源发挥最大的效益。

1.1.3 管理职能

在20世纪早期，法国工业家亨利法约尔（Henri Fayol）就曾提出了管理者从事五种职能即计划、组织、指挥、协调和控制。我们将指挥和协调合并成为领导职能，这就变成计划、组织、领导和控制职能四个职能。

(1) 计划职能：定义目标，制定战略，以获取目标以及制定计划和协调活动的过程。

(2) 组织职能：就是管理者安排工作以实现组织目标的职能，即完成目标有哪些任务，这些任务应该如何分类归集，并由哪些人去完成。

(3) 领导职能：是指导和激励所有的群体和个人，解决冲突。

(4) 控制职能：监控所有运行过程的活动，以确保它们按计划完成。

1.1.4 管理过程

无论组织的性质多么不同，如经济组织、政府组织、宗教组织和军事组织等，经济组织中的IT行业、机械制造业和建筑业等，组织所处的环境有多么不同，但管理人员所从事的管理职能却是相同的，管理活动的过程就是管理的职能逐步展开和实现的过程。

管理过程是管理者处理人际关系、信息传递和决策制定的反复循环过程。强调管理过程，就是将管理理论同管理人员所执行的管理职能，也就是管理人员所从事的工作联系起来。因此把管理的职能作为研究的对象，先把管理的工作划分为若干职能，然后对这些职能进行研究，阐明每项职能的性质、特点和重要性，论述实现这些职能的原则和方法。应用这种方法就可以把管理工作的主要方面加以理论概括并有助于建立起系统的管理理论，用以指导管理的实践。

1.2 管理的技能

人的管理技能分为三块，第一块为概念技能，第二块为人际技能，第三块为技术技能，不同的管理岗位（高、中、低）所需的这三种技能不尽相同。

1.2.1 概念技能

概念技能是管理者对复杂事务或情况进行抽象和概念化的技能。运用这种技能，管理者必须能够将组织看成是一个整体，理解各部分之间的关系，想像组织如何适应它所处的环境。这对于高层管理者来讲是非常重要的。

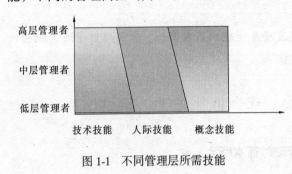

图 1-1 不同管理层所需技能

1.2.2 人际技能

人际技能也是很关键的，具有良好人际技能的管理者能够使员工作出最大的努力。他们知道如何与员工沟通，如何激励、引导和鼓舞员工的工作热情和信心。这个技能对于所有的管理者来讲都是必备的。

1.2.3 技术技能

技术技能是指熟悉和精通某一个特定的领域的知识，如建筑工程、计算机科学、会计、生物工程等等。这个对于基层管理者来讲是很重要的，因为他们要直接指挥、指导、处理雇员从事的工作。

例：一个董事长、中层领导（部门经理）、工程师或技术员所需要的三种技能在程度上有所不同，当然最好是全部掌握，但是这种可能性比较小。

课题 2 项 目 管 理

2.1 项目管理的产生与发展

2.1.1 项目管理的产生与发展

项目管理通常被认为是第二次世界大战的产物（如美国研制原子弹的曼哈顿计划），20 世纪 40～50 年代主要应用于国防和军工项目。项目管理学科起源于 20 世纪 50 年代，在美国先后出现了 CPM 和 PERT 技术。项目管理专家把项目管理划分为两个阶段：

20 世纪 80 年代之前为传统的项目管理阶段。
20 世纪 80 年代之后为现代项目管理阶段。

20 世纪 60 年代，项目管理的应用范围也还只局限于建筑、国防和航天等少数领域，如美国的阿波罗登月项目，因在阿波罗登月计划中取得巨大成功，由此风靡全球。国际上许多人对于项目管理产生了浓厚的兴趣。并逐渐形成了两大项目管理的研究体系，即：以欧洲为首的体系——国际项目管理协会（IPMA），以美国为首的体系——美国项目管理协会（PMI），在过去的30多年中，他们都做了卓有成效的工作，为推动国际项目管理现代化发挥了积极的作用。20世纪60年代初华罗庚教授将这种技术在中国普及推广，称作统筹方法，现在通常称为网络计划技术。

进入20世纪90年代以后，随着信息时代的来临和高新技术产业的飞速发展并成为支柱产业，项目的特点也发生了巨大变化，管理人员发现许多在制造业经济下建立的管理方法，到了信息经济时代已经不再适用。制造业经济环境下，强调的是预测能力和重复性活动，管理的重点很大程度上在于制造过程的合理性和标准化。而在信息经济环境里，事务的独特性取代了重复性过程，信息本身也是动态的、不断变化的。灵活性成了新秩序的代名词。他们很快发现实行项目管理恰恰是实现灵活性的关键手段。他们还发现项目管理在运作方式上最大限度地利用了内外资源，从根本上改善了中层管理人员的工作效率。于是纷纷采用这一管理模式，并成为企业重要的管理手段。经过长期探索总结，在发达国家中现代项目管理逐步发展成为独立的学科体系和行业，成为现代管理学的重要分支。

用一句话来给一个学科体系下定义是十分困难的，但我们可以通过美国项目管理学会在《项目管理知识指南》中的一段话来了解项目管理的轮廓："项目管理就是指把各种系统、方法和人员结合在一起，在规定的时间、预算和质量目标范围内完成项目的各项工作，有效的项目管理是指在规定用来实现具体目标和指标的时间内，对组织机构资源进行计划、引导和控制工作。"

目前，在欧美发达国家，项目管理不仅普遍应用于建筑、航天、国防等传统领域，而且已经在电子、通讯、计算机、软件开发、制造业、金融业、保险业甚至政府机关和国际组织中已经成为其运作的中心模式，比如 AT&T、Bell（贝尔）、US West、IBM、EDS、ABB、NCR、Citybank、Morgan Stanley（摩根．斯坦利财团）、美国白宫行政办公室、美国能源部、世界银行等在其运营的核心部门都采用项目管理。

项目管理的理论与实践方法在各行各业的大小项目中都得到了十分广泛的应用，其中不乏许多成功的例子。

2.1.2 我国项目管理的现状

我国对项目管理的系统研究和行业实践起步较晚。1980年邓小平亲自主持了我国最早与世界银行合作的教育项目会谈，从此中国开始吸收利用外资，而项目管理作为世行项目运作的基本管理模式随着中国各部委世界银行贷款、赠款项目的启动而开始被引入并应用于中国。随后，项目管理开始在我国部分重点建设项目中运用，云南鲁布革水电站是我国第一个聘用外国专家采用国际标准应用项目管理进行建设的水电工程项目，并取得了巨大的成功。在二滩水电站、三峡水利枢纽建设和其他大型工程建设中，都采用了项目管理这一有效手段，并取得了良好的效果。但是，和国际先进水平相比较，中国项目管理的应用面窄（仅在水利、国防等国家大型重点项目以及跨国公司的在华机构中使用），发展缓慢，缺乏具有国际水平的项目管理专业人才。究其原因，是我国还没有形成自己的理论体系和学科体系，没有建立起完备的项目管理教育培训体系，更没有实现项目管理人员的专业化。

应当承认我国的项目管理与国际水平仍有相当差距。现阶段要做好引进、消化、培养人才的工作，同时研究一些中国国情下的特殊的问题，逐步形成中国特色。我们应有一个健全的专业性、学术性组织保持和国际前沿的接触。中国特色应当是先进的特色、而不是落后的特色。

实际上业主一方在项目管理的整体中起着关键的作用。尤其在中国的国情下，在公有资产环境中的项目业主，其委任、职责、权限、管理行为和制度应有某些特点，需要加以认真研究和规范。

在中国致力于建立现代企业制度的今天，欧美经济发达国家正把自己关注的目光聚焦于项目管理。美国学者 David Cleland 称：在应付全球化的市场变动中，战略管理和项目管理将起到关键性的作用。美国《财富》杂志预测：项目经理将成为 21 世纪年轻人首选的职业。项目管理正逐渐成为当今世界的一种主流管理方法！

中国对项目管理的系统研究和行业实践，随着经济的发展和与世界经济的进一步融合，自 20 世纪 90 年代开始掀起了持续不断的"项目管理"热潮。现在，项目管理的理念已在中国被广泛接受，项目管理的方法、技术与工具也在中国企业管理实践中得到了积极地应用。中国项目管理人正在以自己的努力来推进与完善现代项目管理的发展！

2003 年，中国人比以往更加深刻地感受到了项目管理的无穷魅力！令中华民族骄傲和全世界人民瞩目的中国航天史的新篇章——首次神州五号载人太空飞行的巨大成功也同样是通过完美运用项目管理来创造奇迹的典范！

2.2 项目管理的基本内容

2.2.1 项目管理规划

项目管理规划应分为项目管理规划大纲和项目管理实施规划。当承包人以编制施工组织设计代替项目管理规划时，施工组织设计应满足项目管理规划的要求。

(1) 项目管理规划大纲

1) 项目管理规划大纲应由企业管理层依据下列资料编制：

A. 招标文件及发包人对招标文件的解释；

B. 企业管理层对招标文件的分析研究结果；

C. 工程现场情况；

D. 发包人提供的信息和资料；

E. 有关市场信息；

F. 企业法定代表人的投标决策意见。

2) 项目管理规划大纲应包括下列内容：

A. 项目概况；

B. 项目实施条件分析；

C. 项目投标活动及签订施工合同的策略；

D. 项目管理目标；

E. 项目组织结构；

F. 质量目标和施工方案；

G. 工期目标和施工总进度计划；

H. 成本目标；

I. 项目风险预测和安全目标；

J. 项目现场管理和施工平面图；

K. 投标和签订施工合同；

L. 文明施工及环境保护。

（2）项目管理实施规划

1）项目管理实施规划必须由项目经理组织项目经理部在工程开工之前编制完成。项目管理实施规划应依据下列资料编制：

A. 项目管理规划大纲；

B. 项目管理目标责任书；

C. 施工合同。

2）项目管理实施规划应包括下列内容：

A. 工程概况；

B. 施工部署；

C. 施工方案；

D. 施工进度计划；

E. 资源供应计划；

F. 施工准备工作计划；

G. 施工平面图；

H. 技术组织措施计划；

I. 项目风险管理；

J. 信息管理；

K. 技术经济指标分析。

3）编制项目管理实施规划应遵循下列程序：

A. 对施工合同和施工条件进行分析；

B. 对项目管理目标责任书进行分析；

C. 编写目录及框架；

D. 分工编写；

E. 汇总协调；

F. 统一审查；

G. 修改定稿；

H. 报批。

4）项目管理实施规划内容编写的要求

A. 工程概况应包括：工程特点；建设地点及环境特征；施工条件；项目管理特点及总体要求。

B. 施工部署应包括：项目的质量、进度、成本及安全目标；拟投入的最高人数和平均人数；分包计划，劳动力使用计划，材料供应计划，机械设备供应计划；施工程序；项目管理总体安排。

C. 施工方案应包括：施工流向和施工顺序；施工阶段划分；施工方法和施工机械选择；安全施工设计；环境保护内容及方法。

D. 施工进度计划应包括：施工总进度计划和单位工程施工进度计划。

E. 资源需求计划应包括：劳动力需求计划；主要材料和周转材料需求计划；机械设

备需求计划；预制品订货和需求计划；大型工具、器具需求计划。

F. 施工准备工作计划应包括：施工准备工作组织及时间安排；技术准备及编制质量计划；施工现场准备；专业施工队伍和管理人员的准备；物资准备；资金准备。

G. 施工平面图应包括：施工平面图说明；施工平面图；施工平面图管理规划；施工平面图应按现行制图标准和制度要求进行绘制。

H. 施工技术组织措施计划应包括：保证进度目标的措施；保证质量目标的措施；保证安全目标的措施；保证成本目标的措施；保证季度施工的措施；保护环境的措施；文明施工措施；各项措施应包括技术措施、组织措施、经济措施及合同措施。

I. 项目风险管理规划应包括：风险项目因素识别一览表；风险可能出现的概率及损失值估计；风险管理要点；风险防范对策；风险责任管理。

J. 项目信息管理规划应包括：与项目组织相适应的信息流通系统；信息中心的建立规划；项目管理软件的选择与使用规划；信息管理实施规划。

K. 技术经济指标的计算与分析应包括：规划的指标；规划指标水平高低的分析和评价；实施难点的对策。

L. 项目管理实施规划的管理应符合：项目管理实施规划应经会审后，由项目经理签字并报企业主管领导人审批；当监理机构对项目管理实施规划有异议时，经协商后可由项目经理主持修改；项目管理实施规划应按专业和子项目进行交底，落实执行责任；执行项目管理实施规划过程中应进行检查和调整；项目管理结束后，必须对项目管理实施规划的编制、执行的经验和问题进行总结分析，并归档保存。

2.2.2 项目进度控制

施工项目进度控制是指在既定的工期内，编制出最优的施工进度计划并付诸实施，在施工进度计划实施过程中，经常检查施工实际进度情况，并与计划进度进行比较，对出现的偏差分析原因和对整个工期的影响程度，采取必要的补救措施或调整、修改原计划后再付诸实施，不断地如此循环，直至工程竣工验收交付使用。

2.2.3 项目质量控制

工程质量控制是指在项目的建设过程中致力于满足工程质量的要求，也就是为了保证工程质量满足工程合同、规范标准所采取的一系列措施、方法和手段。

工程质量的控制主体可以分为政府的工程质量控制、工程监理单位的质量控制、勘察设计单位的质量控制、施工单位的质量控制。

工程质量控制的原则是以人为核心，坚持质量第一，预防为主。

2.2.4 项目安全控制

项目安全控制就是在项目建设的过程中，通过对生产要素、生产因素和场所的具体状态进行控制，使各种不安全的行为、状态和事件尽量减少或消除，不引发人为事故，尤其不发生使人受到伤害的事故。

2.2.5 项目成本控制

项目成本控制就是要保证项目在工期和施工质量满足要求的情况下，利用组织措施、经济措施、技术措施、合同措施把项目成本控制在计划范围以内，并进一步寻求最大程度的施工成本节约。项目成本控制是反映一个企业施工技术水平和经营管理水平的一个综合性指标。因此，建立健全企业的项目成本管理组织机构，配备强有力的施工成本管理专门人员，制定科学的、切实可行的项目成本管理措施、方法、制度，调动广大职工的积极性、主动性和创造性，可以使企业提高经济效益，增加利润，积累扩大再生产资金，对于发展我国社会主义经济具有重大的意义。

2.2.6 项目人力资源管理

项目人力资源管理要求项目经理部根据施工进度计划和作业特点优化配置人力资源，制定劳动力需求计划，报企业劳动管理部门批准，企业劳动管理部门与劳务公司签订劳务合同。项目经理部对劳动力进行动态管理，及时对施工现场的劳动力进行跟踪平衡，进行劳动力补充与减员，向进入施工现场的作业班组下达施工任务书，进行考核并兑现费用支付和奖罚。项目经理部还应加强对人力资源的教育培训和思想管理；加强对劳务人员作业质量和效率的检查。

2.2.7 项目材料管理

施工材料管理是指项目部对施工和生产过程中所需各种材料，进行有计划地组织采购、供应、保管、使用等一系列管理工作的总称。

建筑材料以及构件、半成品等构成建筑产品的实体。材料费占工程成本达70%左右，用于材料的流动资金占企业流动资金50%～60%。因此，施工材料管理是企业生产经营管理的一个重要环节。

2.2.8 项目机械设备管理

项目施工机械设备是建筑生产力的重要组成因素，现代建筑企业是运用机器和机械体系进行工程施工的，施工机械设备是建筑企业进行生产活动的技术装备。加强施工机械设备的管理，使其处于良好的技术状态，是减轻工人劳动强度，提高劳动生产率，保证建筑施工安全快速进行，提高企业经济效益的重要环节。

施工机械设备管理就是按照建筑生产的特点和机械运转的规律，对机械设备的选择评价、有效使用、维护修理、改造更新和报废处理等管理工作的总称。

2.2.9 项目技术管理

(1) 项目经理部的技术管理

项目技术管理要求项目经理部根据项目规模设项目技术负责人，项目经理部必须建立技术管理体系，分工明确，职责明确。项目经理部的技术管理应执行国家技术政策和企业的技术管理制度，项目经理部可自行制定特殊的技术管理制度，但应由总工程师审批。

(2) 项目经理部的技术工作应符合下列要求：

1) 项目经理部在接到工程图纸后，按过程控制程序文件要求进行内部审查，并汇总意见。

2) 项目技术负责人应参与发包人组织的设计会审，提出设计变更意见，进行设计变更洽商。

3) 在施工过程中，如发现设计图纸中存在问题，或施工条件变化必须补充设计，或需要材料代用，可向设计人提出工程变更洽商书面资料。工程变更洽商应由项目技术负责人签字。

4) 编制施工方案。

5) 技术交底必须贯彻施工验收规范、技术规程、工艺标准、质量检验质量评定标准等要求。书面资料应由签发人和审核人签字，使用后归入技术资料档案。

6) 项目经理部应将分包人的技术管理纳入技术管理体系，并对其施工方案的制定、技术交底、施工试验、材料试验、分项工程预检和隐检、竣工验收等进行系统的过程控制。

7) 对后续工序质量有决定作用的测量与放线、模板、翻样、预制构件吊装、设备基础、各种基层、预留孔、预埋件、施工缝等应进行施工预验并做好记录。

8) 各类隐蔽工程应进行隐检，做好隐检记录，办理隐检手续，参与各方责任人应确认签字。

9) 项目经理部按项目管理实施规划和企业的技术措施纲要实施技术措施计划。

10) 项目经理部应设技术资料管理人员，做好技术资料的收集、整理和归档工作，并建立技术资料台账。

2.2.10 项目资金管理

（1）项目资金管理就是在项目运作过程中保证收入、节约支出、防范风险和提高经济效益的过程。

（2）企业应在财务部门设立项目专用账号进行项目资金的收支预测，统一对外收支与结算。项目经理部负责项目资金的使用管理，并应编制年、季、月度资金收支计划，上报企业财务部门审批后实施。

（3）项目经理部应按企业授权配合财务部门及时进行资金计收。资金计收应符合下列要求：

1) 新开工项按工程施工合同收取预付款或开办费。

2) 根据月度统计报表编制"工程进度款结算单"，在规定日期内报监理工程师审批，结算。如发包人不能按期支付工程进度款且超过合同支付的最后限期，项目经理部应向发包人出具付款违约通知书，并按银行的同期贷款利率计息。

3) 根据工程进度变更记录和证明发包人违约的材料，及时计算索赔金额，列入工程进度款结算单。

4) 发包人委托代购的工程设备或材料，必须签订代购合同。收取设备订货预付款或代购款。

5) 工程材料价差应按规定计算，发包人应及时确认，并与进度款一起收取。

6) 工期奖、质量奖、措施奖、不可预见费及索赔款应根据施工合同规定与工程进度款同时收取。

7) 工程尾款应根据发包人认可的工程结算金额及时回收。

（4）项目经理部应按企业下达的用款计划控制资金使用，以收定支，节约开销；应按会计制度规定设立财务台账记录资金支出情况，加强财务核算，及时盘点盈亏。

项目经理部应坚持做好项目的资金分析，进行计划收支与实际收支对比，找出差异，分析原因，改进资金管理。项目竣工后，结合成本核算与分析进行资金收支情况和经济效益总分析，上报企业财务主管部门备案。企业应根据项目的资金管理效果对项目经理部进行奖惩。

2.2.11 项目合同管理

由于施工项目管理是在市场条件下进行的特殊交易活动的管理，这种交易活动从招标、投标工作开始，并持续于项目管理的全过程，因此必须依法签订合同，进行履约经营。合同管理体制的好坏直接涉及项目管理及工程施工的技术经济效果和目标实现。因此要从招标、投标开始，加强过程承包合同的签订、履行管理。合同管理是一项执法、守法活动，市场有国内市场和国际市场，因此合同管理势必涉及国内和国际上有关法规和合同文本、合同条件，在合同管理中应予以高度重视。为了取得经济效益，还必须注意搞好索赔，讲究方法和技巧，提供充分的证据。

2.2.12 项目信息管理

现代化管理要依靠信息。施工项目管理是一项复杂的现代化的管理活动。进行施工项目管理、施工项目目标控制、动态管理，必须依靠信息管理，而信息管理又要依靠电子计算机进行辅助。

2.2.13 项目现场管理

施工现场的管理主要是根据施工组织设计实施管理，它对于节约材料、节省投资、保证施工进度、创建文明工地等方面都至关重要。这部分的主要内容如下：

（1）分析各项劳动要素的特点；
（2）按照一定原则、方法对施工项目劳动要素进行优化配置，并对配置状况进行评价；
（3）对施工项目的各项劳动要素进行动态管理；
（4）进行施工现场平面图设计，做好现场的调度与管理。

2.2.14 项目组织协调

施工项目的组织协调为施工项目的目标控制服务，其内容包括：

（1）人际关系的协调；
（2）组织关系的协调；
（3）配合关系的协调；
（4）供求关系的协调；
（5）约束关系的协调。

这些关系发生在施工项目管理组织内部、施工项目管理组织与其外部相关单位之间。

2.2.15 项目竣工验收

施工项目竣工验收的交工主体应是承包人，验收主体应是发包人，竣工验收的施工项目必须具备规定的交付验收条件。竣工验收阶段管理应按下列程序依次进行：

（1）竣工验收准备；
（2）编制竣工验收计划；
（3）组织现场验收；
（4）进行竣工结算；
（5）移交竣工资料；
（6）办理交工手续。

2.2.16 项目考核评价

项目考核评价的目的应是规范项目管理行为，鉴定项目管理水平，确认项目管理成果，对项目管理进行全面考核的评价。项目考核评价的主体应是派出项目经理的单位，项目考核评价的对象应是项目经理部，其中应突出对项目经理的管理工作进行考核评价。考核评价的依据应是施工项目经理与承包人签订的"项目管理责任书"，内容应包括完成工程施工合同、经济效益测算、回收工程款、执行承包人各项管理制度、各种资料归档以及"项目管理责任书"中其他要求内容完成情况。

2.2.17 项目回访保修管理

回访保修的责任应由承包人承担，承包人建立施工项目交工后的回访与保修制，听取用户意见，提高服务质量，改进服务方式。保修工作必须履行施工合同的约定和"工程质量保修书"中的承诺。

(1) 回访

回访应根据承包人的工作计划，服务控制程序和质量体系文件来编制回访工作计划。工作计划应包括下列内容：

1) 主管回访保修业务的部门；
2) 回访保修的执行单位；
3) 回访的对象（发包人或使用人）及其工程名称；
4) 回访时间安排和主要内容；
5) 回访工程的保修期限。

(2) 保修

"工程质量保修书"中应具体约定保修范围及内容、保修期、保修责任、保修费用等。保修期为自竣工验收合格之日起计算，在正常使用条件下最低保修期限。保修期内发生的非正常使用原因的质量问题，承包人不负责保修。承包人应按"工程质量保修书"的承诺向发包人或使用人提供服务，其中保修业务应列入施工生产计划，并按约定的内容承担保修责任。

2.3 建筑工程施工项目管理分类

建筑工程项目管理按管理的责任可以划分为：工程项目总承包方的项目管理、施工方的项目管理、业主方的项目管理、设计方的项目管理、供应商的项目管理以及建设管理部门的项目管理。

2.3.1 工程项目总承包方的项目管理

业主在项目决策之后，通过招标择优选定总承包商全面负责建设工程项目的实施全过程，直至最终交付使用功能和质量标准符合合同文件规定的工程项目。因此，总承包方的项目管理是贯穿于项目实施全过程的全面管理，既包括设计阶段也包括施工安装阶段，以实现其承建工程项目的经营方针和项目管理的目标，取得预期经营效益。显然，总承包方必须在合同条件的约束下，依靠自身的技术和管理优势，通过优化设计及施工方案，在规定的时间内，保质保量安全地完成工程项目的承建任务。从交易的角度看，项目业主是买方，总承包单位是卖方，因此两者的地位和利益追求是不同的。

2.3.2 施工方项目管理

施工单位通过工程施工投标取得工程施工承包合同，并以施工合同所界定的工程范围，组织项目管理，简称施工项目管理。从完整的意义上说，这种施工项目应该指施工总承包的完整工程项目，包括其中的土建工程施工和建筑设备工程施工安装，最终成果能形成独立使用功能的建筑产品。然而从工程项目系统分析的角度，分项工程、分部工程也是构成工程项目的子系统，按子系统定义项目，既有其特定的约束条件和目标要求，而且也是一次性的任务。因此,工程项目按专业、按部位分解发包的情况,承包方仍然可以按承包合同界定的局部施工任务作为项目管理的对象,这就是广义的施工企业的项目管理。

2.3.3 业主方项目管理(建设监理)的含义

业主方的项目管理是全过程全方位的,包括项目实施阶段的各个环节,主要有:组织协调、合同管理、信息管理、投资、质量、进度三大目标控制,人们把它通俗地概括为一协调二管理三控制或"三控制二管理一协调"。

由于工程项目的实施是一次性的任务。因此,业主方自行进行项目管理往往有很大的局限性,首先在技术和管理方面,缺乏配套的力量,即使配备了管理班子,没有连续的工程任务也是不经济的。计划经济体制下,每个建设单位都建立一个筹建处或基建处来搞工程,这不符市场经济条件下资源的优化配置和动态管理,而且也不利于建设经验的积累和应用。因此,在市场经济体制下,工程项目业主完全可以依靠发展的咨询业为其提供项目管理服务,这就是社会建设监理,监理单位接受工程业主的委托,提供全过程监理服务。由于建设监理的性质是属于智力密集型层次的咨询服务,因此,它可以向前延伸到项目投资决策阶段,包括立项和可行性研究等,这是建设监理和项目管理在时间范围、实施主体和所处地位、任务目标等方面的不同之处。

2.3.4 设计方项目管理的含义

设计单位受业主委托承担工程项目的设计任务,以设计合同所界定的工作目标及其责任义务作为该项工程设计管理的对象、内容和条件,通常简称设计项目管理。设计项目管理也就是设计单位对履行工程设计合同和实现设计单位经营方针目标而进行的设计管理,尽管其地位、作用和利益追求与项目业主不同,但他也是建设工程设计阶段项目管理的重要方面。只有通过设计合同,依靠设计方的自主项目管理才能贯彻业主的建设意图和实施设计阶段的投资、质量和进度控制。

2.3.5 供货方的项目管理

从建设项目管理的系统分析角度看,建设物资供应工作也是工程项目实施的一个子系统,它有明确的任务和目标,明确的制约条件以及项目实施子系统的内在联系。因此制造厂、供应商同样可以将加工生产制造和供应合同所界定的任务,作为项目进行目标管理和控制,以适应建设项目总目标控制的要求。

2.3.6 建设管理部门的项目管理

建设管理部门的项目管理就是对项目实施的可行性、合法性、政策性、方向性、规范性、计划性进行监督管理。

课题3 建筑工程施工项目管理的组织

3.1 建筑工程项目管理主体

建筑工程项目管理的内涵可概括为:自建筑工程项目开始至项目完成,通过项目策划和项目控制,使建筑工程项目的费用目标、进度目标和质量目标得以实现的系统管理。

参与工程项目建设管理的各方面(管理主体)在工程项目建设中均存在项目管理问题。

建筑设计和施工单位受业主委托承担建设项目的设计及施工，它们有义务对建筑工程项目进行管理。一些大、中型工程项目，业主、设计单位和施工单位因缺乏项目管理经验，也可委托项目管理咨询公司代为进行项目管理。

在项目建设中，业主、设计单位和施工单位各处不同的地位，对同一个项目各自承担的任务不同，其项目管理的任务也是不相同的。如在费用控制方面，业主要控制整个项目建设的投资总额，而施工单位考虑的是控制该项目的施工成本。又如在进度控制方面，业主应控制整个项目的建设进度，而设计单位主要控制设计进度，施工单位控制所承包部分的工程施工进度。

3.1.1 业主（建设单位）

建筑工程项目具有建筑工程项目的特征。因此，建设中的业主有：国家机关等行政部门；国内外公司。

3.1.2 承包商

有承建能力的各建设企业。

3.1.3 设计单位

建筑专业设计院；其他专业设计单位。

3.1.4 监理咨询机构

专业监理咨询机构；其他监理咨询机构。

3.2 施工项目管理的组织机构

建筑工程项目管理的组织机构的主体，就是施工企业的组织机构——项目经理部。

3.2.1 组织机构设置的目的

组织机构设置的目的是为了进一步充分发挥项目管理功能，为项目管理服务，提高项目管理整体效率以达到项目管理的最终目标。因此，企业在项目施工中合理设置项目管理组织机构是一个至关重要的问题。高效率项目管理体系和组织机构的建立是施工项目管理成功的组织保证。

3.2.2 组织机构的设置原则

(1) 高效精干的原则

项目管理组织机构在保证履行必要职能的前提下，要尽量简化机构、减少层次、从严控制二、三线人员，做到人员精干、一专多能、一人多职。

(2) 管理跨度与管理分层统一的原则

项目管理组织机构设置、人员编制是否得当合理，关键是根据项目大小确定管理跨度的科学性。同时大型项目经理部的设置，要注意适当划分几个层次，使每一个层次都能保持适当的工作跨度，以便各级领导集团力量在职责范围内实施有效的管理。

(3) 业务系统化管理和协作一致的原则

项目管理组织的系统化原则是由其自身的系统性所决定的。项目管理作为一种整体，是由众多小系统组成的；各子系统之间，在系统内部各单位之间，不同栋号、工种、工序之间存在着大量的"结合部"，这就要求项目组织又必须是个完整的组织结构系统，也就是说各业务科室的职能之间要形成一个封闭性的相互制约、相互联系的有机整体。协作就是指在专业分工和业务系统管理的基础上，将各部门的分目标与企业的总目标协调起来，使各级和各个机构在职责和行动上相互配合。

(4) 因事设岗、按岗定人、以责授权的原则

项目管理组织机构设置和定员编制的根本目的在于保证项目管理目标的实施。所以，因目标需要设办事机构、按办事职责范围而确定人员编制多少。坚持因事设岗、按岗定人、以责授权，这是目前施工企业推行项目管理进行体制改革中必须解决的重点问题。

(5) 项目组织弹性、流动的原则

组织机构的弹性和管理人员的流动，是由工程项目单件性所决定的。因为项目对管理人员的需求具有质和量的双重因素，所以管理人员的数量和管理的专业要随工程任务的变化而相应地变化，要始终保持管理人员与管理工作相匹配。

3.2.3 组织机构的主要形式

(1) 直线制式（图1-2）

1) 特征

机构中各职位都按直线排列，项目经理直接进行单线垂直领导。

2) 运用范围

适用于中小型项目。

3) 优点

人员相对稳定，接受任务快，信息传递迅捷，人事关系容易协调。

4) 缺点

专业分工差，横向联系困难。

(2) 混合工程队制式（图1-3）

混合工程队制式是完全按照对象原则的项目管理机构，企业职能部门处于服务地位。

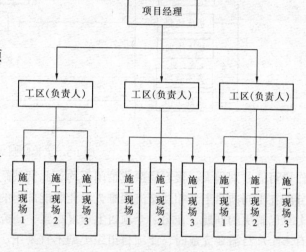

图1-2 直线制式

1) 特征

A. 一般由公司任命项目经理，由项目经理在企业内招聘或抽调职能人员组成，由项目经理指挥，独立性大。

B. 管理班子成员与原部门脱离领导与被领导关系，原单位只负责业务指导和考察。

C. 管理机构与项目施工期同寿命。项目结束后，机构撤销，人员回原部门和岗位。

2) 适用范围

适用于大型项目、工期紧迫的项目以及要求多工种多部门密切配合的项目。

3) 优点

A. 人员均为各职能专家，可充分发挥专家作用、各种人才都在现场，解决问题迅速，减少了扯皮和时间浪费。

B. 项目经理权力集中，横向干涉少，决策及时，有利于提高工作效率。

C. 减少了结合部，不打乱企业原建制、易于协调关系、避免行政干预，项目经理易于开展工作。

4) 缺点

由于临时组合，人员配合工作需一段磨合期，而且各类人员集中在一起，同一时期工

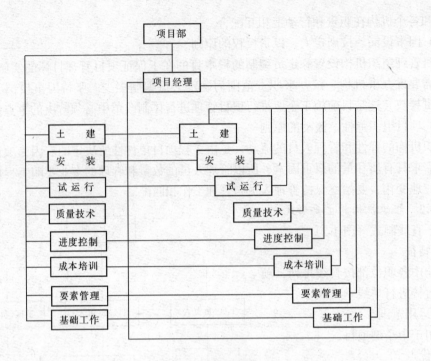

图 1-3　工程队制式

作量可能差别很大，很容易造成忙闲不均、此窝彼缺，导致人工浪费。由于同一专业人员分配在不同项目上，相互交流困难，专业职能部门的优势无法发挥作用，致使在一个项目上早已解决的问题，在另一个项目上重复探索、研究。基于以上原因，当人才紧缺而同时有多个项目需要完成时，此项目组织类型不宜采用。

(3) 部门控制式（图1-4）

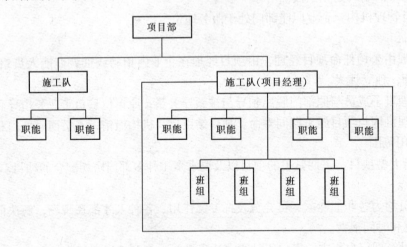

图 1-4　部门控制式

它是按照职能原则建立的项目组织，是在不打乱企业现行建制的条件下，把项目委托给企业内某一专业部门或施工队，由单一部门的领导负责组织项目实施的项目组织形式。

1) 特征

是按职能原则建立的项目机构,不打乱企业现行建制。

2)适用范围

适用于小型的专业性强不需涉及众多部门的施工项目。例如,煤气管道施工项目、电话、电缆铺设等只涉及到少量技术工种,交给某地专业施工队即可,如需要专业工程师,可以从技术部门临时供调,该项目可以从这个施工队指定项目经理全权负责。

3)优点

A.机构启动快;

B.职能明确,职能专一,关系简单,便于协调;

C.项目经理无须专门训练便能进入状态。

4)缺点

人员固定,不利于精简机构,不能适应大型复杂项目或者涉及各个部门的项目,因而局限性较大。

(4)矩阵式(图1-5)

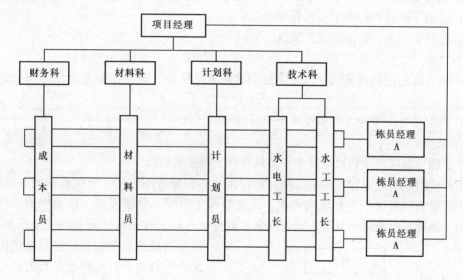

图1-5 矩阵式

矩阵式组织是现代大型项目管理中应用最广泛的新型组织形式,是目前推行项目法施工的一种较好的组织形式。它吸收了部门控制式和混合工程队式的优点,发挥职能部门的纵向优势和项目组织的横向优势,把职能原则和对象原则结合起来。从组织职能上看,矩阵式组织将企业职能和项目职能有机地结合在一起,形成了一种纵向职能机构和横向项目机构相交叉的"矩阵"型组织形式。

在矩阵式组织中,企业的专业职能部门和临时性项目组织同时交互作用。纵向、职能部门负责人对所有项目中的本专业人员负有组织调配、业务指导和管理的责任;横向、项目经理对参加本项目的各种专业人才均负有领导责任,并按项目实施的要求把他们有效地组织协调到一起,为实现项目目标共同配合工作。矩阵中每一个成员,都需要接受来自所在部门负责人和所在项目的项目经理的双重领导。与混合工程队形式不同,矩阵组织中的专业人员参加项目,其行动不完全受控于项目经理,还要接受本部门的领导。部门负责人有权根据不同项目的需要和忙闲程度,将本部门专业人员在项目之间进行适当调配。因为不可能所有的项目都在同一时间需要同一种专业人才,专业人员可能同时为几个项目服务。这就充分发挥了特殊专业人才的作用,特别是某种人才稀缺时,可以避免在一个项目上闲置,而在另一个项目上又奇缺的此窝彼缺现象,从而大大提高了人才的利用率。对于项目经理来说,他的主要职责是高效率地完成项目。凡到本项目来的成员他都有权调动和使用,当感到人力不足或某些成员不得力时,他可以向职能部门请求支援或要求调换。这也使项目实施有了多个职能部门作后盾。矩阵组织形式需要在水平和垂直方向上有良好的沟通与协调配合,因而对整个企业组织和项目组织的管理水平、工作效率和组织渠道的畅通都提出了较高的要求。

1) 特征

A. 将项目机构与职能部门按矩阵式组成,矩阵式每个结合接受双重领导,部门控制力大于项目控制力。

B. 项目经理工作有各职能部门支持,有利于信息沟通、人事调配、协调作战。

2) 适用范围

A. 适用于同时承担多个项目管理的企业;

B. 适用于大型、复杂的施工项目。

3) 优点

A. 兼有部门控制式和混合工程队控制式两者的优点,解决了企业组织和项目组织的矛盾。

B. 能以尽可能少的人力实现多个项目管理的高效率。

4) 缺点

双重领导造成的矛盾;身兼多职造成管理上顾此失彼。

矩阵式组织对企业管理水平、项目管理水平、领导者的素质、组织机构的办事效率、信息沟通渠道的畅通,均有较高要求,因此要精干组织、分层授权、疏通渠道、理顺关系。由于矩阵式组织较为复杂,结合部多,容易造成信息沟通量膨胀和沟通渠道复杂化,致使信息梗阻和失真。这就要求协调组织内容的关系时必须有强有力的组织措施和协调办法以排除难题。为此,层次、职责、权限要明确划分,有意见分歧难以统一时,企业领导要出面及时协调。

(5) 事业部式(图1-6)

事业部式项目管理组织,在企业内作为派往项目的管理班子,对企业外具有独立法人资格。

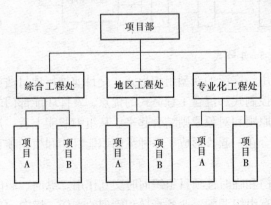

图1-6 事业部式项目组织机构

1) 特点

A. 企业成立事业部,事业部对企业内来说是职能部门,对企业外来说享有相对独立的经营权,可以是一个独立单位。它具有相对独立的自主权,有相对独立的利益,相对独立的市场,这三者构成事业部的基本要素。事业部可以按地区设置,也可以按工程类型或经营内容设置。事业部能较迅速适应环境变化,提高企业的应变能力,调动部门积极性。

当企业向大型化、智能化发展并实行作业层和经营管理层分离时，事业部式是一种很受欢迎的选择，既可以加强经营战略管理，又可以加强项目管理。

B. 在事业部（一般为其中的工程部或开发部，对外工程公司是海外部）下边设置项目经理部，项目经理由事业部选派，一般对事业部负责，有的可能直接对业主负责，是根据其授权程度决定的。

2）适用范围

事业部式项目组织适用于大型经营性企业的工程承包，特别是适用于远离公司本部的工程承包。需要注意的是，一个地区只有一个项目，没有后续工程时，不宜设立地区事业部，也即它适用于在一个地区内有长期市场或一个企业有多种专业化施工力量时采用。在这些情况下，事业部与地区市场同寿命，地区没有项目时，该事业部应予撤销。

3）优点

事业部式项目组织有利于延伸企业的经营职能，扩大企业的经营业务，便于开拓企业的业务领域。还有利于迅速适应环境变化以加强项目管理。

4）缺点

事业部式项目组织的缺点是企业对项目经理部的约束力减弱，协调指导的机会减少，故有时会造成企业结构松散，必须加强制度约束，加大企业的综合协调能力。

3.2.4 项目组织机构形式的选择

选择什么样的项目组织机构，应将企业的素质、任务、条件、基础同工程项目的规模、性质、内容、要求的管理方式结合起来分析，选择最适宜的项目组织机构，不能生搬硬套某一种形式，更不能不加分析地盲目作出决策。一般说来，可按下列思路选择项目组织机构形式：

（1）大型综合企业，人员素质好，管理基础强，业务综合性强，可以承担大型任务，宜采用矩阵式、混合工作队式、事业部式的项目组织机构。

（2）简单项目、小型项目、承包内容专一的项目，应采用部门控制式项目组织机械。

（3）在同一企业内可以根据项目情况采用几种组织形式，如将事业部式与矩阵式的项目组织结合使用，将工作队式项目组织与事业部式结合使用等，但不能同时采用矩阵式及混合工作队式，以免造成管理渠道和管理秩序的混乱。

表 1-1 可供选择项目组织机构形式时参考。

选择项目组织形式参考因素　　　　　　　表 1-1

项目组织形式	项 目 性 质	施工企业类型	企业人员素质	企业管理水平
直线制式	中、小型项目、简单项目	小型建筑企业、任务单一的企业	素质一般、专业分工差	管理水平尚可、管理人员稳定
工程队式	大型项目，复杂项目，工期紧的项目	大型综合建筑企业，有得力项目经理的企业	人员素质较强，专业人才多，职工和技术素质较高	管理水平较高，基础工作较强，管理经验丰富
部门控制式	小型项目，简单项目，只涉及个别少数部门的项目	小建筑企业，事务单一的企业，大中型基本保持直线职能制的企业	素质较差，力量薄弱，人员构成单一	管理水平较低，基础工作较差，项目经理难找
矩阵式	多工种、多部门、多技术配合的项目，管理效率要求很高的项目	大型综合建筑企业，经营范围很宽、实力很强的建筑企业	文化素质、管理素质、技术素质很高，但人才紧缺，管理人才多，人员一专多能	管理水平很高，管理渠道畅通，信息沟通灵敏，管理经验丰富

续表

项目组织形式	项目性质	施工企业类型	企业人员素质	企业管理水平
事业部式	大型项目，远离企业基地项目，事业部制企业承揽的项目	大型综合建筑企业，经营能力很强的企业，海外承包企业，跨地区承包企业	人员素质高，项目经理强，专业人才多	经营能力强，信息手段强，管理经验丰富，资金实力大

3.2.5 项目组织效果评价

项目组织确定后，应对其进行评价。基本评价因素如下：

(1) 管理层次及管理跨度的确定是否合适，是否能产生高效率的组织。

(2) 职责分明程度。是否将任务落实到各基本组织单元。

(3) 授权程度。项目授权是否充分，授权保证的程度，授权的范围。

(4) 精干程度。在保证工作顺利完成的前提下，项目工作组成员有多少。

(5) 效能程度。是否能充分调动人员积极性，高效完成任务。

根据所列各评价因素在组织中的重要程度及对组织的影响程度，分别给予一定的权数，然后对各因素打分，得出总分，以作评价。

3.3 项目经理部及项目经理

3.3.1 项目经理部

项目经理部是施工项目管理的工作班子，置于项目经理的领导之下。

(1) 项目经理部的作用

1) 项目经理部在项目经理领导下，作为项目管理的组织机构，负责施工项目从开工到竣工的全过程施工生产的管理，是企业在某一工程项目上的管理层，同时对作业层负有管理与服务的双重职能。

2) 项目经理部是项目经理的办事机构，为项目经理决策提供信息依据，当好参谋，同时又要执行项目经理的决策意图，向项目经理全面负责。

3) 项目经理部是一个组织体，其作用包括：完成企业所赋予的基本任务——项目管理和专业管理任务等。要具有凝聚管理人员的力量并调动其积极性，促进管理人员的合作；协调部门之间、管理人员之间的关系，发挥每个人的岗位作用；贯彻承包或目标责任制，搞好管理；沟通项目经理部与企业部门之间，项目经理部与作业队之间，项目经理部与建设单位、分包单位、生产要素市场等之间的关系。

4) 项目经理部是代表企业履行工程承包合同的主体，对最终建筑产品的业主全面负责。

(2) 项目经理部的规模

1) 项目经理部要根据工程项目的规模、复杂程度和专业特点设置。大中型项目经理部可以设置职能部、室；小型项目经理部一般只需设职能人员即可。如果项目的专业性强，可设置针对此种专业的职能部门，如房屋建筑中水、电、设备安装等，可视需要设专门的职能部门。

2) 项目经理部是为特定工程项目组建的，必须是一个具有弹性的一次性全过程的施工管理组织，在其存在期内还应按工程管理需要的变化而调整，开工之前建立，竣工之后解体。项目经理部不应有固定的作业队伍。

3) 项目经理部的人员配置应面向施工项目现场，满足现场的计划与调度、技术与质量、成本与核算、劳务与物资、安全与文明施工的需要；不应设置专管经营与咨询、研究与开发等应在企业中设立的部门。

(3) 项目经理部的部门设置

1) 工程技术部门：负责生产调度、技术管理、施工组织设计、计划、统计、文明施工；

2) 监督管理部门：负责质量管理、安全管理、消防保卫、环境保护、计量、测量、试验等；

3) 经营核算部门：负责预算、合同、索赔、成本、资金、劳动及分配等；

4) 物资设备部门：负责材料询价、采购、运输、计划、管理、工具、机械租赁、配套使用等管理工作。

3.3.2 项目经理部的解体

施工项目经理部是一次性具有弹性的施工现场生产组织机构，工程临近结尾时，业务管理人员乃至项目经理要陆续撤走。因此，必须重视项目经理部的解体和善后工作。项目经理部的解体和善后工作目前尚未有统一的制度，但在实践中一些企业创造了一些可行的办法可供借鉴。

(1) 施工项目经理部解体程度与善后工作

1) 企业工程管理部门是施工项目经理部组建和解体善后工作的主管部门，主要负责项目经理部的组建及解体后工程项目在保修期间的善后问题处理，包括因质量问题造成的返（维）修、工程剩余价款的结算以及回收等。

2) 施工项目在全部竣工交付验收签字之日起15天内，项目经理部要根据工作需要向企业工程管理部写出项目经理部解体申请报告。

3) 项目经理部在解聘工作业务人员时，为使其在人才劳务市场有一个回旋的余地，要提前发给解聘人员两个月的岗位效益工资，并给予有关待遇。从解聘第3个月起（含解聘合同当月），其工资福利待遇在系统管委会或新的被聘单位领取。

4) 项目经理部解体前，应成立以项目经理为首的善后工作小组，其留守人员由主任工程师、技术、预算、财务、材料工作各一人组成，主要负责剩余材料的处理、工程价款的回收、财务账目的结算移交，以及解决与甲方的有关遗留事宜。善后工作一般规定为3个月（从工程管理部门批准项目经理部解体之日起计算）。

5) 施工项目完成后，还要考虑项目的保修问题，因此，在项目经理部解体与工程结算前，凡是未满一年保修期的竣工工程，要由经营和工程部门根据竣工时间和质量等级确定工程保修费的预留比例。保修费分别交公司工程管理部门统一包干使用。

(2) 施工项目经理部效益审计评估和债权债务处理

1) 项目经理部剩余材料原则上转售处理给公司物资设备部，材料价格新旧情况就质论价，由双方商定，如双方发生争议时可由经营管理部门协调裁决；对外转售必须经公司主管领导批准。

2) 项目经理部自购的通讯、办公等小型固定资产，必须如实建立台账，按质论价，移交企业。

3) 项目经理部的工程成本盈亏审计以该项目工程实际发生成本与价款结算回收数为依据，由审计牵头，预算、财务、工程部门参加，写出审计评价报告。

4) 项目经理部的工程结算、价款回收及加工订货等债权债务的处理，由留守小组在3个月内全部完成。如3个月未能全部收回又未办理任何符合法规手续的，其差额部分作为项目经理部成本亏损额计算。

5) 整个工程项目综合效益审计评估除完成承包合同规定指标以外仍有盈余者，按规定比例分成留经理部的可作为项目经理部的管理奖，整个经济效益审计为亏损者，其亏损部门一律由项目经理负责，按相应奖励比例从其管理人员风险（责任）抵押金和工资中补扣。

6) 施工项目经理部解体善后工作结束后，项目经理离任重新投标或聘用前，必须按上述规定做到人走账清、物净，不留任何尾巴。

(3) 施工项目经理部解体时的有关纠纷裁决

项目经理部与企业有关职能部门发生矛盾时，由企业经理裁决；项目经理部与劳务、专业分公司及栋号作业队发生矛盾时，按业务分工由企业劳动人事管理部门、经营部门和工程管理部门裁决。所有仲裁的依据原则上是双方签订的合同的有关的签证。

3.3.3 项目经理

项目经理是施工企业法人代表在施工项目中派出的全权代理。建设部颁发的《建筑施工企业项目经理资质管理办法》中指出，"施工企业项目经理是受企业法定代表人委托，对工程项目施工过程全面负责的项目管理者，是建筑施工企业法定代表人在工程项目的代表人"。这就决定了项目经理在项目中是最高的责任者、组织者，是项目决策的关键人物。项目经理在项目管理中处于中心地位。

(1) 项目经理的任务

1) 确定项目管理组织机构的构成并配备人员，制定规章制度，明确有关人员的职责，组织项目经理班子开展工作。

2) 确定管理总目标和阶段目标，进行目标分解，制定总体控制计划，并实施控制，确保项目建设成功。

3) 及时、适当地作出项目管理决策，包括前期工作决策、招标决策（或投标报价决策）、人事任免决策、重大技术措施决策、财务工作决策、资源调配决策、进度决策、合同签订及变更决策，严格管理合同执行。

4) 协调本组织机构与各协作单位之间的协作配合及经济、技术关系，代表企业法人进行有关签证，并进行相互监督、检查、确保质量、工期及投资的控制和实施。

5) 建立完善的内部和外部信息管理系统。项目经理既作为指令信息的发布者，又作为外部信息及基层信息的集中点，同时要确保组织内部横向信息联系、纵向信息联系，本单位与外部信息联系畅通无阻，从而保证工作高效率地展开。

(2) 项目经理的责、权、利

1) 项目经理的主要职责是：搞好工程施工现场的组织管理和协调工作，控制工程成本、工期和质量，按时竣工交验。具体内容包括：

A. 代表企业实施施工项目管理。贯彻执行国家法律、法规、方针、政策和强制性标准，执行企业的管理制度，维护企业的合法权益。

B. 履行"项目管理目标责任书"规定的任务。
　　C. 组织编制项目管理实施规划。
　　D. 对进入现场的生产要素进行优化配置和动态管理。
　　E. 建立质量管理体系和安全管理体系并组织实施。
　　F. 在授权范围内负责与企业管理层、劳务作业层、各协作单位、发包人、分包人和监理工程师等的协调，解决项目中出现的问题。
　　G. 按"项目管理目标责任书"处理项目经理部与国家、企业、分包单位以及职工之间的利益分配。
　　H. 进行现场文明施工管理，发现和处理突发事件。
　　I. 参与工程竣工验收，准备结算资料和分析总结，接受审计。
　　J. 处理项目经理部的善后工作。
　　K. 协助企业进行项目的检查、鉴定和评奖申报。
　　2) 项目经理应具有下列权限：
　　A. 参与企业进行的施工项目投标和签订施工合同。
　　B. 经授权组建项目经理部确定项目经理部的组织结构，选择、聘任管理人员，确定管理人员的职责，并定期进行考核、评价和奖惩。
　　C. 在企业财务制度规定的范围内，根据企业法定代表人授权和施工项目管理的需要，决定资金的投入和使用，决定项目经理部的计酬办法。
　　D. 在授权范围内，按物资采购程度性文件的规定行使采购权。
　　E. 根据企业法定代表人授权或按照企业的规定选择、使用作业队伍。
　　F. 主持项目经理部工作，组织制定施工项目的各项管理制度。
　　G. 根据企业法定代表人授权，协调和处理与施工项目管理有关的内部与外部事项。
　　3) 项目经理应享有以下利益：
　　A. 获得基本工资、岗位工资和绩效工资。
　　B. 除按"项目管理目标责任书"可获得物质奖励外，还可获得表彰、记功、优秀项目经理等荣誉称号。
　　C. 考核和审计，未完成"项目管理目标责任书"确定的项目管理责任目标或造成亏损的，应按其中有关条款承担责任，并接受经济或行政处罚。
　　4) 项目经理的素质：
　　根据我国的项目管理实践，项目经理应具备的素质可概括为以下四个方面：
　　A. 品格素质。项目经理的品格素质是指项目经理从行为作风中表现出来的思路、认识、品行等方面的特征，如对国家民族的忠诚，良好的社会道德品质，管理道德品质，诚实的态度，坦率的心境及言而有信、言行一致的品格。
　　B. 能力素质。能力素质是项目经理整体素质体系中的核心素质。它表现为项目经理把知识和经验有机结合起来运用于项目管理的能力，对于现代项目经理来说，知识和经验固然十分重要，但是归根结底要落实到能力上，能力是直接影响和决定项目经理成功与否的关系，概括起来，包括六个方面：
　　a. 决策能力。决策能力集中体现在项目经理的战略战术决策能力上，即能够制定出各项决策并付诸实现。从决策程度来看，经理人员的决策能力可分解为三种：收集与筛选信息的能力、确定多种可行方案的能力、选优抉择的能力。

  b.组织能力。项目经理的组织能力是指设计组织结构，配合组织成员以及确定组织规范的能力，能够运用现代组织理论，建立科学的、分工合理的、配套成龙的高效精干的组织机构，确定一整套保证组织有效运转的规范。并能够合理配备组织成员，做到知人善任。

  c.创新能力。项目经理的创新能力可归纳为嗅觉敏锐、想像力丰富、思路开阔、设想多样、提法新颖等特征。项目经理必须具备创新能力，这是由项目活动的竞争性所决定的。

  d.协调与控制能力。项目经理作为项目的最高领导者必须具有良好的协调与控制能力，而且，项目的规模越大，对这方面的能力要求越高。项目经理的协调与控制能力是指正确处理项目内外各方面关系、解决各方面矛盾的能力。从项目内部看，经理要有较强的能力协调项目中的各部门、所有成员的关系，控制项目资源配置，全面实施项目的总体目标。从项目与外部环境的关系来说，经理的协调能力还包括协调项目与政府、社会、各方面协作者之间的关系，尽可能地为项目创造有利的外部条件，减少或避免条件不利因素的影响。

  在经理的协调能力中，最重要的是协调人与人之间的关系，因为项目的内外部关系很大程度上表现为人与人之间的关系，经理协调能力赖以实施的手段是沟通，应倾听各方意见，通过沟通和交流达到相互间的理解和支持。

  e.激励能力。项目经理的激励能力可以理解为调动下属积极性的能力。从行为科学角度看，经理的激励能力表现为经理所采用的激励手段与下属士气之间的关系状态。如果采取某种激励手段导致下属士气提高，则认为经理激励能力较强；反之，如果采取某种手段导致下属士气降低，则认为该经理激励能力较低。

  f.社交能力。项目经理的社交能力即和企业内外、上下、左右有关人员打交道的能力。待人技巧高的经理会赢得下属的欢迎，因而有助于协调与下属的关系；反之，则常常引起下属反感，造成与下属关系紧张甚至隔离状态。在现代社会中，项目经理仅与内部人员发生交往远远不够，还必须善于同企业外部的各种机构和人员打交道，这种交道不应是一种被动的行为或单纯的应酬，而是在外界树立起良好形象，这关系到项目的生存和发展。那些注重社交并善于社交的项目经理，往往能赢得更多的投资者和合作者，使项目处于强有力的外界支持系统中。

  C.知识素质。法约尔曾经提出，构成企业领导人的专门能力有技术能力、商业能力、财务能力、管理能力、安全能力等。每一种能力都是以知识为基础的。因此，理想的项目经理应该有解决问题所必要的知识。项目经理应具备两大类知识，即基础知识与业务知识，并懂得在实践中不断深化和完善自己的知识结构。

  D.体格素质。身体健康、精力充沛。

3.4　建造师执业资格制度

  随着我国世界贸易组织的加入，各行各业与国际接轨，建筑企业顺应潮流提出注册建造师制度。

3.4.1 注册建造师的概念

改革开放以来,在我国建设领域内已建立了注册建筑师、注册结构工程师、注册监理工程师、注册造价工程师、注册房地产估价工程师、注册规划师等执业资格制度。2002年12月5日,人事部、建设部联合印发了《建造师执业资格制度暂行规定》(人发[2002]111号),这标志着我国建立建造师执业资格制度的工作正式建立。该《规定》明确规定,我国的建造师是指从事建设工程项目总承包和施工管理关键岗位的专业技术人员。

建造师执业资格制度起源于英国,迄今已有150余年历史。世界上许多发达国家已经建立了该项制度。具有执业资格的建造师已有了国际性的组织——国际建造师协会。我国建筑业施工企业多、从业人员多,从事建设工程项目总承包和施工管理的广大专业技术人员,特别是在施工项目经理队伍中,建立建造师执业资格制度非常必要。这项制度的建立,必将促进我国工程项目管理人员素质和管理水平的提高,促进我们进一步开拓国际建筑市场,更好地实施"走出去"的战略方针。

3.4.2 建造师的资格

一级建造师执业资格实行全国统一大纲、统一命题、统一组织的考试制度,由人事部、建设部共同组织实施,原则上每年举行一次考试;二级建造师执业资格实行全国统一大纲,各省、自治区、直辖市命题并组织的考试制度。考试内容分为综合知识与能力和专业知识与能力两部分。报考人员要符合有关文件规定的相应条件。一级、二级建造师执业资格考试合格人员,分别获得《中华人民共和国一级建造师执业资格证书》、《中华人民共和国二级建造师执业资格证书》。

3.4.3 注册建造师和项目经理的关系

建造师与项目经理定位不同,但所从事的都是建设工程的管理。建造师执业的覆盖面较大,可涉及工程建设项目管理的许多方面,担任项目经理只是建造师执业中的一项;项目经理则限于企业内某一特定工程的项目管理。建造师选择工作的权力相对自主,可在社会市场上有序流动,有较大的活动空间;项目经理岗位则是企业设定的,项目经理是企业法人代表授权或聘用的、一次性的工程项目施工管理者。

项目经理责任制是我国施工管理体制上一个重大的改革,对加强工程项目管理,提高工程质量起到了很好的作用。建造师执业资格制度建立以后,项目经理责任制仍然要继续坚持,国发[2003]5号文是取消项目经理资质的行政审批,而不是取消项目经理。项目经理仍然是施工企业某一具体工程项目施工的主要负责人,他的职责是根据企业法定代表人的授权,对工程项目自开工准备至竣工验收,实施全面的组织管理。有变化的是,大中型工程项目的项目经理必须由取得建造师执业资格的建造师担任。注册建造师资格是担任大中型工程项目经理的一项必要性条件,是国家的强制性要求。但选聘哪位建造师担任项目经理,则由企业决定,那是企业行为。小型工程项目的项目经理可以由不是建造师的人员担任。所以,要充分发挥有关行业协会的作用,加强项目经理培训,不断提高项目经理队伍素质。

实 训 课 题

设置一个企业的组织机构,要求是一个大型企业,10个职能部门,7个在异地的分公司，一个直属分公司。采用多种模式进行公司管理模式设计，然后进行项目组织效果评价，选择较优的方案设置公司的组织机构。

复习思考题

1. 什么叫管理？管理有哪四种职能？
2. 管理的技能有哪三种？对高、中、低层管理者各有什么要求？
3. 项目管理的基本内容是什么？
4. 项目管理大纲编制的要求有哪些？
5. 项目管理的主体和分类如何？
6. 项目管理的组织模式有哪些？各有什么优缺点？
7. 项目管理经理部的设置和解体的要求是什么？
8. 项目经理的要求是什么？如何体系项目经理的职、权、利？

单元2 施工项目的生产要素管理

知 识 点: 施工人员管理、施工材料管理和施工机具管理。
教学目标: 通过教学使学生了解生产三要素的基本概念,掌握施工人员的组织、施工材料的采购和使用、施工机械的选择和使用。

课题1 施工人员管理

1.1 施工人员管理概述

1.1.1 组织机构和施工人员的规划

施工企业在项目的投标阶段就对项目的组织机构和施工人员(人力资源)进行了规划,因此项目一旦中标签约以后就需履行义务。

1.1.2 实行施工人员管理的目的

实行施工人员管理就是提高劳动生产率,保证施工安全,实施文明施工。

1.1.3 施工人员的构成

施工人员由生产工人、专业技术人员和管理干部构成。管理干部和专业技术人员构成了项目部的主体,一般是由公司确定,而生产工人在实行专业班之后一般由劳务公司提供。

1.1.4 施工人员的确定

(1) 人员确定原则

1) 人员确定标准必须先进合理;

2) 有利于促进生产和提高工作效率;

3) 正确处理各类人员之间的合理比例,特别是直接生产工人和非生产人员之间的比例关系;

4) 人员确定应符合生产特点和发展趋势,既适时修订,又要保持相对稳定,不断提高完善。

(2) 人员确定的依据和方法

根据建筑企业工程对象多变、任务分散、工作性质复杂等特点,人数的确定应根据企业计划的总工作量和每个人的工作效率,主要有以下几种方法:

1) 按劳动效率确定。根据施工任务的工作量和工人的劳动效率计算定员人数。

2) 按设备确定。根据设备数量、设备工作班次和工人看管设备定额来计算。

3) 按岗位确定。根据设置岗位数和各岗位工作量和劳动效率来计算。

4) 按比例确定。根据生产工人的一定比例,确定服务人员和辅助生产人员的数量。

5) 按组织机构的职责范围和业务分工确定。主要用于计算企业管理人员和专业技术人员数额。

(3) 项目施工人员确定的要求

施工人员的多少，反映整个项目的经营管理水平和职工工作效率的提高。它涉及面广、政策性强，是一项细致而复杂的工作。具体要求是：

1) 建立健全的定员管理制度。一切人员都要"定岗"、"定人"、"定职责范围"，使人人工作内容明确。

2) 机构设置要精简、慎重，严格控制非生产人员和临时机构等。

3) 项目的施工人员编制要随着项目的规模、机械化水平、工艺技术改进、劳动组织和操作水平及业务水平的变化，适时进行修改，要实施动态管理。

1.2 项目管理部的劳动组织

一旦与劳务公司签订劳务合同，则这些工人就归项目部指挥，这实际就是一个劳动组织。

1.2.1 劳动组织是劳动者分工协作的组织形式

建筑企业的生产活动是一个有机的统一体，企业的劳动组织就是根据工程生产的客观需要、工作量，结合具体工作条件，科学地组织劳动的分工与协作，把劳动者、劳动对象和劳动手段之间的关系科学地组织起来，成为施工生产的统一而协调的整体，达到生产高效率的目的。

1.2.2 劳动力的合理组织是提高生产力的因素

(1) 实行科学分工与协作，充分发挥每个职工的劳动积极性和技术业务专长。

(2) 促进和加强企业的科学管理。

(3) 合理使用劳动力，使每个工人有合理的负荷和明确的责任。

(4) 各工种工序间的衔接协作和施工生产的指挥调节。

1.2.3 建筑企业合理劳动组织的基本原则

(1) 根据施工工程特点，如建筑结构特征、规模、技术复杂程度，采用不同的劳动组织形式，并随施工技术水平的发展、工艺的改进、机械化水平的提高和技术革新而及时调整。

(2) 按施工工作的技术内容和分工要求，确定合理的技术等级构成，以充分发挥每个工人的专长。

(3) 按工作量的大小和施工工作面的要求确定合理劳动组织，保证每个工人都要有足够的工作量和工作面，以充分利用工作时间和空间。

(4) 劳动组织应相对固定，有利于工种间、工序间和各个工人间熟练配合和协作。

(5) 选配好精明干练的班组长。

1.2.4 劳动组织的划分

根据上述原则，在科学分工和正确配备工人的基础上，把完成某一专业工程而相互协作的有关工人组织在一起的施工劳动集体，是建筑企业最基本的劳动组织形式，称为施工班组，施工班组分为专业施工班（队）组和混合施工班（队）组两种。

(1) 专业施工班组

专业施工班组是按施工的分项工艺划分由同一工种的工人所组成。

专业施工班（队）组，工人承担的施工任务比较专一，有利于钻研技术，提高操作熟练程度。但由于工种单一分工较细，有时不能适应交叉施工要求，各工种之间和工序间配合不紧凑，造成工时浪费。

（2）混合施工班（队）组

混合施工班队组是将共同完成一个建筑安装分部工程或单位工程所需要的、互相密切联系的工种工人组成，其特点是便于统一指挥，协调施工。并有自身的调节能力，能简化施工过程中的组织，有利于加快工期。

这两种组织，各有各的特点和适用范围，要根据企业主要承担施工工程的特点和任务来组织。建筑施工企业一般以专业施工班组为主，它易于采用劳务分包。

1.3 施工人员的劳动纪律和劳动保护

1.3.1 劳动纪律

（1）劳动纪律的含义

劳动纪律是指劳动者在共同劳动中必须遵守的规则或秩序。

（2）劳动纪律的作用

劳动纪律是组织集体劳动不可缺少的条件，是加强企业管理和项目管理，提高劳动生产率的重要保证。

（3）劳动纪律的主要内容

有组织方面的纪律；生产技术方面的纪律；工作时间内的纪律。

（4）巩固劳动纪律的方法

巩固和加强劳动纪律，首先必须做好思想教育工作，提高广大职工遵守纪律的自觉性，建立健全各种规章制度和必要的奖惩制度，做到有奖有罚，奖罚分明。对一贯遵守劳动纪律的职工，应予以表扬和奖励，对不遵守纪律者，既要做耐心细致的教育工作，并要予以严肃批评，对严重破坏劳动纪律，玩忽职守，并造成严重后果，应给予必要的处分，甚至追究刑事责任。

1.3.2 劳动保护

（1）劳动保护的重要性

劳动保护是国家为了保护劳动者在生产中的安全与健康的一项重要政策，也是劳动管理的一项重要内容。

施工企业高空和地下作业多，现场环境复杂，露天野外作业，劳动条件差，不安全因素多，是一个事故发生频率较高的行业，这个行业的特点要求企业领导重视安全问题，在组织上、技术上采取措施保证安全生产，保护职工健康。

安全、卫生的工作环境，有助于激发职工愉快的情绪，发挥职工的积极性，提高工作效率，促进生产的发展。

（2）劳动保护的主要内容

劳动保护的主要内容包括安全技术、工业卫生、劳动保护制度等三个方面。

1）安全技术。是指在生产过程中，为了防止和消除伤亡事故、保障职工安全和繁重体力劳动，而采取的各种安全技术措施。建筑工程施工过程中，高空作业多、露天操作、高空堕落、物体击伤可能性多，施工现场有各种机械设备、电器设备、高压动力设备、临时供电路，对此必须有专门的安全技术措施。

2）工业卫生。是指在生产过程中对高温、粉尘、噪声、有害气体和其他有害因素的防止和消除，以改善劳动条件，保护职工健康。建筑企业必须注意在暑热、严寒、强风、多雨季节的劳动保护和安全施工，严格控制废气、废水、粉尘和噪声等公害。对接触粉尘（如石粉、水泥粉等）的工种，应改进生产工艺，增加吸尘，防尘和通风设备，并注意施工现场的清洁卫生，及时清理废料。

3）劳动保护制度。是指同保护劳动者的安全和健康有关的一系列制度。

劳动保护制度包括生产行政管理制度和生产技术管理制度两个方面。

A．生产行政管理制度包括：

a．安全生产责任制；

b．安全生产教育制度；

c．安全生产检查监督制度；

d．伤亡事故的调查报告分析处理制度；

e．劳动保护用品和保健食品发放管理制度；

f．保证实现劳逸结合的各种轮休制度，加班加点审批制度；

g．女工保护制度。

B．生产技术管理制度包括：

a．编制安全技术措施计划；

b．设备的维护检修制度；

c．安全技术操作规程。

1.4 施工人员的培训

1.4.1 职工培训的意义

职工培训是企业劳动管理的一项主要内容，是企业为提高职工政治、文化、科学、技术和管理水平而进行的教育和培训。企业为完成经营目标，增强企业后劲必须提高企业职工的素质。为此，应对企业所有人员（包括领导干部、工程技术人员、管理人员、班组长和工人）本着"学以致用"的原则，有计划、有重点地进行专门培训。

1.4.2 职工培训的形式和要求

（1）企业的职工培训要从实际出发，兼顾当前和长期需要，采取多种方式。如上岗前培训、在职学习、业余学习、半脱产专业技术训练班、脱产轮训班和专科大专班等。

（2）职工培训应直接有效地为企业生产工作服务，要有针对性和实用性，讲究质量、注重实效。

（3）职工培训应从上而下形成培训系统，建立专门培训机构。

（4）建立考试考核制度。

1.5 施工人员的考核与激励

1.5.1 考核

项目部根据施工人员的相应职责进行考核。

对管理人员的考核，主要是根据其德、才、能进行定性和定量考核。对生产班组主要是根据产值、质量及材料消耗三方面进行定量考核。

1.5.2 激励

激励有物质激励和精神激励。

在劳动还没有成为人们第一需要，而是作为一种谋生手段的今天，主要以物质激励为主，精神激励为辅。

课题2 施工材料管理

2.1 施工材料管理的意义和任务

2.1.1 施工材料管理的意义

施工材料管理是指项目部对施工和生产过程中所需各种材料，进行有计划地组织采购、供应、保管、使用等一系列管理工作的总称。

建筑材料以及构件、半成品等构成建筑产品的实体。材料费占工程成本达70%左右，用于材料的流动资金占企业流动资金50%～60%。因此，施工材料管理是企业生产经营管理的一个重要环节。搞好材料管理有其重要意义。

(1) 是保证施工生产正常进行的先决条件；
(2) 是提高工程质量的重要保障；
(3) 是降低工程成本，提高企业的经济效益的重要环节；
(4) 可以加速资金周转，减少流动资金占用；
(5) 有助于提高劳动生产率。

2.1.2 施工材料管理的任务

施工材料管理的任务主要表现在保证供应和降低费用两个方面。

(1) 保证供应。就是要适时、适地、按质、按量、成套齐备地供应材料。适时，是指按规定时间供应材料；适地，是指将材料供应到指定的地点；按质，是指供应的材料必须符合规定的质量标准；按量，是指按规定数量供应材料；成套齐备，是指供应的材料，其品种规格要配套，并要符合工程需要。

(2) 降低费用。就是要在保证供应的前提下，努力节约材料费用。通过材料计划、采购、保管和使用的管理，建立和健全材料的采购和运输制度，现场和仓库的保管制度，材料验收、领发，以及回收等制度，合理使用和节约材料，科学地确定合理的仓库储存量，加速材料周转，减少损耗，提高材料利用率，降低材料成本。

2.2 材料的分类

根据材料在建筑工程中所起的作用、自然属性和管理方法的不同，可按以下三种方式划分：

2.2.1 按其在建筑工程中所起的作用分类

(1) 主要材料。指直接用于建筑物上能构成工程实体的各项材料。如钢材、水泥、木材、砖瓦、石灰、砂石、油漆、五金、水管、电线等。

(2) 结构件。指事先对建筑材料进行加工，经安装后能够构成工程实体一部分的各种构件。如屋架、钢门窗、木门窗、柱、梁、板等。

（3）周转材料。指在施工中能反复多次周转使用，而又基本上保持其原有形态的材料。如模板、脚手架等。

（4）机械配件。指修理机械设备需用的各种零件、配件。如曲轴、活塞等。

（5）其他材料。指虽不构成工程实体，但间接地有助于施工生产进行和产品形成的各种材料。如燃料、油料、润滑油料等。

（6）低值易耗品。指单位价值不到规定限额（200、500、800元），或使用期限不到一年的劳动资料。如小工具、防护用品等。

这种划分便于制定材料消耗定额，从而进行成本控制。

2.2.2　按材料的自然属性分类

（1）金属材料。指黑色金属材料，如钢筋、型钢、钢脚手架管、铸铁管等，和有色金属材料。如铜、铝、铅、锌及其半成品等。

（2）非金属材料。指木材、橡胶、塑料和陶瓷制品等。

这种分类方法便于根据材料的物理、化学性能进行采购、运输和保管。

2.2.3　按材料的价值在工程中所占比重分类

建筑工程需要的材料种类繁多，但资金占用差异极大。有的材料品种数量小，但用量大，资金占用量也大；有的材料品种很多，但占用资金的比重不大；另一种介于这二种之间，ABC分类，即根据企业材料一般占用资金的大小把材料分为三类，见表2-1。

ABC分类法示意表　　表2-1

物资分类	占全部品种百分比（%）	占用资金百分比（%）
A类	10～15	80
B类	20～30	15
C类	60～65	5
合计	100	100

从上表看，C类材料虽然品种繁多，但资金占用却较少，而A、B类品种虽少，但用量大，占用资金多，因此把A类及B类材料购买及库存控制好，对资金节约将起关键性的作用。因此材料库存决策和管理应侧重于A和B两类物资上。

2.3　材料的采购、存储、收发和使用

2.3.1　材料订购采购

（1）订购采购的原则

材料订购采购是实现材料供应的首要环节。项目的材料主管部门必须根据工程项目计划的要求，将材料供应计划按品种、规格、型号、数量、质量和时间逐项落实。这一工作习惯上称为组织货源。正确地选择货源，对保证工程项目的材料供应，提高项目的经济效益具有重要的意义。

在材料订购采购中应做到货比三家，"三比一算"，即同样材料比质量；同样的质量比价格；同样的价格比运距；最后核算成本。对于临时性购买或一次性的购买来说，主要应考虑供货单位的质量、价格、运费、交货时间和供应方式等方面是否对企业最为有利，对于大宗材料，应尽量采用就近供货的原则，直达订货，尽量减少中转环节。

供货单位落实以后，应签订材料供需合同，以明确双方经济责任。合同的内容应符合合同法规定，一般应包括：材料名称品种、规格、数量、质量、计量单位、单价及总价、交货时间、交货地点、供货方式、运输方法、检验方法、付款方式和违约责任等条款。

(2) 材料订货方式

1) 定期订货。它是按事先确定好的订货时间组织订货,每次订货数量等于下次到货并投入使用前所需材料数量,减去现有库存量。计算公式如下:

每期订货数量 =（订货或供货间隔天数 + 保险储备天数）× 平均日消耗量
　　　　　　 – 实际库存量 – 已订在途量

2) 定量订货。它是在材料的库存量,由最高储备降到最低储备之前的某一储备量水平时,提出订货的一种订货方式。订货的数量是一定的,一般是批量供给,是一种不定期的订货方式。

订货点储备量的确定有种情况:

A. 在材料消耗和采购期固定不变时,计算公式如下:

　　　　订货点储备量 = 材料采购期 × 材料平均消耗量 + 保险储备量

式中,采购期是指材料备运时间,包括订货到使用前加工准备的时间。

B. 在材料消耗和采购期有变化时,计算公式如下:

订货点储备量 = 平均备运时间 × 材料平均日消耗量 + 保险储备
　　　　　　 + 考虑变动因素增加的储备

(3) 材料经济订货量的确定

所谓材料的经济订货量,是指用料企业从自己的经济效果出发,确定材料的最佳订货批量,以使材料的存储费达到最低。

材料存储总费用主要包括如下两项费用:

A. 订购费。主要是指与材料申请、订货和采购有关的差旅费、管理费等费用。它与材料的订购次数有关,而与订购数量无关。

B. 保管费。主要包括被材料占用资金应付的利息、仓库和运输工具的维修折旧费、物资存储损耗等费用。它主要与订购批量有关,而与订购次数无关。从节约订购费出发,应减少订购次数增加订购批量;从降低保管费出发则应减少订购批量,增加订购次数,因此,应确定一个最佳的订货批量,使得存储总费用最小。计算公式如下:

$$经济订购批量 = \sqrt{\frac{2 \times 每次的订购费用 \times 年需用量}{单位材料的年保管费用}}$$

例如：某建筑企业对某种物资的年需用量为 80t,订购费每次为 5 元,单位物资的年保管费为 0.5 元,则

$$经济订购批量 = \sqrt{\frac{2 \times 5 \times 80}{0.5}} = 40 \text{（t）}$$

式中单位材料年保管费用 = 材料单价 × 单位材料年保管费率。

采用经济批量法确定材料订购量,要求企业能自行确定采购量和采购时间。

2.3.2 材料的存储及管理

1. 材料的存储

建筑材料在施工过程中是逐渐消耗的,而各种材料又是间断的,分批进场的,为保证施工的连续性,施工现场必须有一定合理的材料储备量,这个合理储备量就是材料中的储备定额。

材料储备应考虑经常储备、保险储备和季节性储备等。

(1) 经常储备。是指在正常的情况下,为保证施工生产正常进行所需要的合理储备

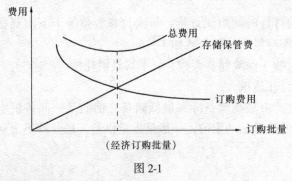

图 2-1

量,这种储备是不断变化的。

(2) 保险储备。是指企业为预防材料未能按正常的进料时间到达或进料不符合要求等情况下,为保证施工生产顺利进行而必须储备的材料数量。这种储备在正常情况下是不动用的,它固定地占用一笔流动资金。

(3) 季节储备。是指某种材料受自然条件的影响,使材料供应具有季节性限制而必须储备的数量。如地方材料等,对于这类材料储备,必须在供应发生困难前及早准备好,以便在供应中断季节内仍能保证施工生产的正常需要。

材料的储备由于到施工现场场地的限制、流动资金的限制、市场供应的限制、自然条件的限制和材质本身的要求等诸多不确定的因素,很难精确计算材料的储备量。总而言之,材料能够适时、适地、按质、按量、经济地配套供应施工材料。

2. 仓库管理

对仓库管理工作的基本要求是:保管好材料,面向生产第一线,主动配合完成施工任务,积极处理和利用库存呆滞材料和废旧材料。

仓库管理的基本内容包括:

(1) 按合同规定的品种、数量、质量要求验收材料;

(2) 按材料的性能和特点,合理存放,妥善保管,防止材料变质和损耗;

(3) 组织材料发放和供应;

(4) 组织材料回收和修旧利废;

(5) 定期清仓,做到账、卡、物三相符。做好各种材料的收、发、存记录,掌握材料使用动态和库存动态。

3. 现场材料管理

现场材料管理是对工程施工期间及其前后的全部料具管理。包括施工前的料具准备;施工过程中的组织供应,现场堆放管理和耗用监督,竣工后组织清理、回收、盘点、核算等内容。

(1) 施工准备阶段的现场管理工作

1) 编好工料预算,提出材料的需用计划及构件加工计划;

2) 安排好材料堆场和临时仓库设施;

3) 组织材料分批进场;

4) 做好材料的加工准备工作。

(2) 施工过程中的现场材料管理工作

1) 严格按限额领料单发料;

2) 坚持中间分析和检查;

3) 组织余料回收,修旧利废;

4) 经常组织现场清理。

(3) 工程竣工阶段的材料管理工作

1）清理现场，回收、整理余料，做到工完场清。
2）在工料分析的基础上，按单位工程核算材料消耗，总结经验。

课题3 施工机具管理

3.1 施工机具管理的意义

施工机具是建筑生产力的重要组成因素，现代建筑企业是运用机器和机械体系进行工程施工的，施工机具是建筑企业进行生产活动的技术装备。加强施工机具的管理，使其处于良好的技术状态，是减轻工人劳动强度，提高劳动生产率，保证建筑施工安全快速进行，提高企业经济效益的重要环节。

施工机具管理就是按照建筑生产的特点和机械运转的规律，对机械设备的选择评价、有效使用、维护修理、改造更新的报废处理等管理工作的总称。

3.2 施工机具的分类及装备的原则

建筑企业施工机具包括的范围较为广泛，有施工和生产用的生产性的建筑机械和其他各类机械设备，以及非生产性机械设备，统称为施工机具。

（1）生产性的建筑机械包括：挖掘机械、起重机械、铲土运输机械、压实机械、路面机械、打桩机械、混凝土机械、钢筋和预应力机械、装修机械、交通运输设备、加工和维修设备、动力设备、木工机械、测试仪器、科学试验设备等其他各类机械设备。

（2）非生产性机械设备有：印刷、医疗、生活、文教、宣传等专用设备。

建筑企业合理装备施工机具的目的是既保证满足施工生产的需要，又能使每台机械设备发挥最高效率，以达到最佳经济效益，总的原则是：技术上先进、经济上合理、生产上适用。

3.3 施工机具的来源选择、使用、保养和维修

3.3.1 施工机具的来源选择

1. 来源

对于建筑工程而言，施工机具的来源有购置、制造、租赁和利用企业原有设备四种方式，正确选择施工机具是降低工程成本一个重要环节。

（1）购置

购置新施工机具（包括从国外引进新装备）。这是较常采用的方式，其特点是需要较高的初始投资，但选择余地大，质量可靠，其维修费用小，使用效率较稳定，故障率低。企业购置施工机具，应当由企业设备管理机械或设备管理人员提出有关设备的可靠性和有利于设备维修等要求。进口设备应当备有设备维修技术资料和必要的维修配件。进口的设备到达后，应认真验收，及时安装、调试和投入使用，发现问题应当在索赔期内提出索赔。

（2）制造

制造施工机具。企业自制设备，应当组织设备管理、维修、使用方面的人员参加设计

方案的研究和审查工作,并严格按照设计方案做好设备的制造工作。设备制成后,应当有完整的技术资料。自制的特点是需要一定的投资,可利用企业已有的技术条件,但因缺乏制造经验,多需协作,质量不稳定,通用性差。对一些大型设备、通用性强的设备,一般不采用此法。

(3) 租赁

租赁施工机具。根据工程需要,向租赁公司或有关单位租用施工机具。其特点是不必马上花大量的资金,先用后还,钱少也能办事;而且时间上比较灵活,租赁可长可短。当企业资金缺乏时,还可以长期租赁形式获得急需的施工机具,只要按照规定分期偿还租赁费和名义货价后,就可取得设备的所有权。这种方式对加速建筑业的技术改造好处极大,因此,当前发达国家的建筑企业有三分之二左右的设备靠租赁,这也是我们的方向。

(4) 利用

利用企业原有的施工机具。这实际就是租赁的方式,在实行项目管理以后,项目就是一个核算单位。项目部向公司租赁施工机具,并向公司支付一定的租金,这在我国目前应用得比较普遍,以后将逐渐走向租赁方式。

2. 施工机械的选择

施工机械的品种、规格是根据施工机械的工作内容、工程特点、工期和施工方法来确定的。正确选择施工机械是降低工程成本的重要环节。在机械来源方式的选择上是根据以上四种方式分别计算施工机具的等值年成本,从中挑选等值年成本最低的方式作为选择的对象,总的选择原则为:技术安全可靠,费用最低。

(1) 购置、制造和利用企业原有设备

$$等值年成本 = (施工机具原值 - 残值) \times 资金回收系数 + 残值利息 + 施工机具年使用费 + 其他费用$$

$$资金回收系数 = i(1+i)^n / [(1+i)^n - 1]$$

式中 i——利率;

n——资金回收年限(折旧年限)。

(2) 租赁

$$等值年成本 = 租赁费 + 年使用费 + 其他费用$$

3.3.2 施工机具的使用

使用是施工机具管理中的一个重要环节。正确地、合理地使用施工机具可以减轻磨损,保持良好的工作性能和应有的精度。在节省费用的条件下,充分发挥施工机具的生产效率,延长其的使用寿命。

为把施工机具用好、管好,企业应当建立健全的设备操作、使用、维修规程和岗位责任制。设备的操作和维修人员必须严格遵守设备操作、使用的维修规程。

(1) 定人定机定岗位

机械设备使用的好坏,关键取决于直接掌握使用的驾驶、操作人员;而他们的责任心和技术素质又决定着设备的使用状况。

1) 定人定机定岗位、机长负责制的目的,是把人机关系相对固定,把使用、维修、保管的责任落实到人。其具体形式如下:

A. 多人操作或多班作业的设备,在定人的基础上,任命一位机长全面负责。

B. 一人使用保管一台设备或一人管理多台设备者，即为机长，对所管设备负责。
C. 掌握有中、小型机械设备的班组，不便于定人定机时，应任命机组长对所管设备负责。

2) 操作人员的主要职责是：

A. 四懂三会。对操作技术要精益求精，要求懂得设备的构造、原理、性能和操作规程；会正确操作、维修保养和排除故障。

B. 遵守制度。要严守操作规程，执行保养制度和岗位责任制度等各项规章制度，并杜绝违章作业确保安全生产；认真执行交接班制度，及时准确地填写设备的各项原始记录和统计报表。

C. 谨慎操作、完成任务。要服从指挥搞好协作，优质、高效、低耗地完成作业任务。

D. 保管好原机的零部件、附属设备、随机工具，做到完整齐全，不无故损坏。

E. 机长、机组长除以上职责外，还要负责组织、指导和监督对设备的安全使用、保养和维修；并负责审查、汇总原始记录资料和统计报表以及组织技术学习、经验交流等。

(2) 合理使用施工机具

合理使用，就是要正确处理好管、用、养、修四者的关系，遵守机械运转的自然规律，科学地使用施工机具。

1) 新购、新制、经改造更新或大修后的机械设备，必须按技术标准进行检查、保养和试运转等技术鉴定，确认合格后，方可使用。

2) 对选用机械设备的性能、技术状况和使用要求等应作技术交底。要求严格按照使用说明书的具体规定正确操作，严禁超载、超速等拼设备的野蛮作业。

3) 任何机械都要按规定执行检查保养。机械设备的安全装置、指示仪表，要确保完好有效，若有故障应立即排除，不得带病运转。

4) 机械设备停用时，应放置在安全位置。设备上的另部件、附件不得任意拆卸，并保证完整配套。

(3) 建立安全生产与事故处理制度

为确保施工机具在施工作业中安全生产，首先要认真执行定人定机定岗位、机长负责制。机械操作人员均须经过技术培训，安全技术教育，考试合格，并持有操作证后，方可上岗操作。

其次，要按使用说明书上各项规定和要求，认真执行试运转（或走合要求）、安全装置试验等工作，方可正式使用。同时，要严格执行安全技术操作规程，严禁违章作业。

再者，在设备大检查和保养修理中，要重点检查各种安全、保护和指示装置的灵敏可靠性。对于自制、改造更新或大修后的机械设备要保证质量，检验合格者方准使用。

机械设备事故是指设备运转发生异常，或人为事故而导致设备损坏或停机停产等后果。设备事故分为一般事故、重大事故和特大事故三类。

事故发生后，应立即停车，并保持现场，事故情况要逐级上报，主管人员应立即深入现场调查分析事故原因，进行技术鉴定和处理；同时要制定出防止类似事故再发生的措施，并按事故性质严肃处理和如实上报。

(4) 建立健全施工机具的技术档案

施工机具的技术档案是从出厂到使用报废全过程的技术性历史记录。它对掌握机械的变化规律，合理使用，适时维修，做好配件准备等提供可靠的技术依据。因此，对主要的机械设备必须逐台建立技术档案。它包括：使用（保修）说明书、附属装置及工具明细表、出厂检验合格证、易损件图册及有关制作图等原始资料；机械技术试验验收记录和交接清单；机械运行、消耗等汇总记录；历次主要修理和改装记录；以及机械事故记录等。

3.3.3 施工机具的保养及维修

根据建筑施工的特点，建筑机械的磨损较为突出，因此做好保养和修理，使其经常处于良好的技术状态，极为重要。而保养与修理是相互配合，相互促进的，我国实行定期保养、计划检修、养修并重、预防为主的方针。

(1) 施工机具的检查

检查是施工机具维护、修理的基础和首要环节，它是指对机械设备的运行情况、工作精度、磨损程度进行检查和校验。通过检查可全面地掌握实况、查明隐患、发现问题，以便改进维修工作，提高修理质量和缩短修理时间。

1) 按检查时间间隔可分为：

A. 日常检查。主要由操作工人对机械设备进行每天检查，并与例行保养结合。若发现不正常情况，应及时排除或上报。

B. 定期检查。在操作人员参与下，按检查计划由专职维修人员定期执行。要求全面、准确地掌握设备性能及实际磨损程度，以便确定修理的时间和种类。

2) 按检查的技术性能可分为：

A. 机能检查。对设备的各项机能进行检查和测定，如漏油、漏水、漏气、防尘密封等，以及零件耐高温、高速、高压的性能等。

B. 精度检查。对设备的精度指数进行检查和测定，为设备的验收、修理和更新提供较为科学的依据。

精度指数即设备精度的实测值与允许值之比。其公式为：

$$精度指数 = \sqrt{\frac{\Sigma(精度实测值 / 精度允许值)^2}{测定项目数}}$$

$$或\ T = \sqrt{\frac{\Sigma(T_P/T_S)^2}{n}}$$

精度指数越小，表示的精度越高。各种机械设备均可按一定精度指数要求来进行新设备验收，大修后验收，以及确定调整、修理或更新。

(2) 施工机具的保养

保养是预防性的措施，其目的是使机械保持良好的技术状况，提高其运转的可靠性和安全性，减少零部件的磨损以延长使用寿命、降低消耗，提高机械施工的经济效益。

1) 例行保养（日常保养）。由操作人员每日按规定项目和要求进行保养，主要内容是清洁、润滑、紧固、调整、防腐及更换个别零件。

2) 强制保养（定期保养）。即每台设备运转到规定的期限，不管其技术状态如何，都必须按规定进行检查保养。一般分为一、二、三级保养；个别大型机械可实行四级保养。

一级保养。操作工为主，维修工为辅。不仅要普遍地进行紧固、清洁、润滑，还要部分地进行调整。

二级保养。维修工为主，主要是进行内部清洁、润滑、局部解体检查和调整。

三级保养。要对设备的主体部分进行解体检查和调整工作,并更换达到磨损极限的零件,还要对主要零部件的磨损情况作检测,记录数据,以作修理计划的依据。

四级保养。对大型设备要进行四级保养,修复和更换磨损的零件。

(3) 施工机具的修理

设备的修理是修复因各种因素而造成的设备损坏,通过修理和更换已磨损或腐蚀的零部件,使其技术性能得到恢复。

1) 小修。以维修工人为主,对设备进行全面清洗、部分解体检查和局部修理。

2) 中修。要更换与修复设备的主要另件,和数量较多的其他磨损零件,并校正设备的基准,以恢复和达到规定的精度、功率和其他技术要求。

3) 大修。对设备进行全面解体,并修复和更换全部磨损零部件,恢复设备的原有的精度、性能和效率。其费用由大修基金支付。

实 训 课 题

实训 1. 任课老师选择一个有地下室的高层框剪结构工程,根据工程实际情况选择施工机械、进行材料采购和施工人员的配备模拟。

实训 2. ABC 材料管理

(1) 背景资料：某工程的基础施工所需材料数量及单价见表 2-2。

材料消耗量及单价表　　　　　　　　　　　　　　　表 2-2

材料名称	单位	消耗量	单价（元）	材料名称	单位	消耗量	单价（元）
（1）	（2）	（3）	（4）				
32.5 水泥	kg	1740	0.25	灰 土	m³	54	25.24
42.5 水泥	kg	18102	0.27	水	m³	43	1.24
52.5 水泥	kg	8350	0.30	电焊条	kg	13	6.67
净 砂	m³	71	30.00	草袋子	m³	25	0.94
碎 石	m³	40	41.20	黏土砖	千块	109	100
钢 模	kg	1520	3.95	隔离剂	kg	20	2.00
木 模	m³	4	1242.62	铁 钉	kg	61	5.70
镀锌钢丝	kg	147	5.41	ϕ10 以内钢筋	t	1.1	2335.45
				ϕ10 以上钢筋	t	1.8	2498.16

(2) 问题：

要求计算出合价及总价,用 A、B、C 分类法分析出主要材料、次要材料和一般材料,并指出管理重点。

(3) 分析与解答：

1) 求出每种材料的合价,见表 2-3 第 (5) 列。

　　　　　　　　　　　　　　　　　　　　　　　　　　表 2-3

材料名称	单位	消耗量	单价（元）	合计（元）	占总价（%）
（1）	（2）	（3）	（4）	（5）	（6）
32.5 水泥	kg	1740	0.25	435	0.10
42.5 水泥	kg	18102	0.27	4888	11.30

续表

材料名称	单位	消耗量	单价（元）	合计（元）	占总价（%）
52.5水泥	kg	8350	0.30	2505	5.79
净 砂	m³	71	30.00	2130	4.93
碎 石	m³	40	41.20	1640	3.79
钢 模	kg	1520	3.95	6004	13.88
木 模	m³	4	1242.62	4970	11.49
镀锌钢丝	kg	147	5.41	795	1.84
灰 土	m³	54	25.24	1363	3.15
水	m³	43	1.24	53	0.12
电焊条	kg	13	6.67	86	0.02
草袋子	m³	25	0.94	24	0.06
黏土砖	千块	109	100	10900	25.2
隔离剂	kg	20	2.00	40	0.09
铁 钉	kg	61	5.70	348	0.80
ϕ10以内钢筋	t	1.1	2335.45	2569	5.94
ϕ10以上钢筋	t	1.8	2498.76	4497	10.40
合计				43247	100

2）求出总价，本例为43247元。
3）求出每种材料占总价的比重，见表2-3第（6）列。
4）按比重多少排列并求出累计比重，见表2-4。

按价格和比重排列表　　　　　　　　　　　　表2-4

序 号	材料名称	合 价	比重（%）	累计比重（%）
1	黏土砖	10900	25.2	25.2
2	钢模	6004	13.88	39.08
3	木模	4970	11.49	50.57
4	42.5水泥	4888	11.30	61.87
5	ϕ10以上钢筋	4497	10.40	72.27
6	ϕ10以内钢筋	2569	5.94	78.21
7	52.5水泥	2505	5.79	84.00
8	净砂	2130	4.93	88.93
9	碎石	1640	3.79	92.72
10	灰土	1363	3.15	95.87
11	镀锌钢丝	795	1.84	97.71
12	32.5水泥	435	1.00	98.71
13	铁钉	348	0.80	99.51
14	电焊条	86	0.20	99.71

续表

序 号	材料名称	合 价	比重（%）	累计比重（%）
15	水	53	0.12	99.83
16	隔离剂	40	0.10	99.93
17	草袋子	24	0.07	100.00
18	总计	43247		

5）判断：累计总比重占80%的材料是主要材料（A类材料），本例为1~6种。累计总比重为80%~90%的材料是次要材料（B类材料），本例为7、8种。其余10种为一般材料（C类材料）。

实训3. 施工机械选择

（1）背景资料：某火电建设工程公司已中标承担某地电厂的扩建工程施工任务，其锅炉吊装的大型施工机具按施工组织总设计，已选定为60t塔吊一台。经初步讨论，要满足施工需要并获得该型塔吊。有三种方案可供选择，这三种方案是搬迁、购置、租赁。甲方案：搬迁塔吊。该公司已有一台60t塔吊，正在另一现场施工使用。可利用建筑施工期间存在的间隙搬迁塔吊，以满足新工程施工需要，待安装开始时再搬迁回来。这样增加搬迁费用，同时由此必须采取其他一些相应措施，以弥补另一现场无吊车所引起的损失，经测算，需要费用3万元；乙方案：购置塔吊。某厂已同意加工制造同类型塔吊，但因时间紧迫，要求加价30%；丙方案：租赁塔吊。按日历天数支付600元租赁费用。60t塔吊有关具体数据如下：一次性投资150万元运输、拆迁、安装一次总费用10万元年使用费6万元塔吊残值20万元使用年限20年，年复利8%。现估计该塔吊在新工程使用期满为一年。

（2）问题：

该项目部应选择哪一种方案为宜（工程独立核算）？

（3）分析意见

1）计算各方案费用：

甲方案：项目部需两次运输、拆迁、安装塔吊，并支付3万元，以弥补原现场无塔吊引起的损失。甲方案总费用为：

年费用 =（施工机具原值 – 残值）× 资金回收系数 + 残值利息 + 施工机具年使用费 + 其他费用 = $(150-20) \times \dfrac{0.08 \times (1+0.08)^{20}}{(1+0.08)^{20}-1} + 0.08 \times 20 + 6 + 2 \times 10 + 3 = 43.84$ 万元

乙方案：项目部要支付一台塔吊固定费用，机械年使用费。其运输安装费用考虑按拆与装总费用的一半计算（考虑新购由供货方安装）。乙方案总费用为：

年费用 =（施工机具原值 – 残值）× 资金回收系数 + 残值利息 + 施工机具年使用费 + 其他费用 = $(150 \times 1.30 - 20) \times \dfrac{0.08 \times (1+0.08)^{20}}{(1+0.08)^{20}-1} + 0.08 \times 20 + 6 + 1/2 \times 10 = 30.42$ 万元

丙方案：租用塔吊要付租金，塔吊运输、装、拆的费用和机械年使用费必须自己开支。丙方案总费用为：年费用 = 使用时间 × 单位时间租赁费 + 施工机具年使用费 + 其他费用 = $365 \times 600/10000 + 0.08 \times 20 + 6 + 10 = 39.5$ 万元

2）推荐意见

综上述计算结果表明，从整个项目部利益出发，三种方案以选择乙方案为好，争取主

动，并可节约费用。

实训4. 施工机械配置方案

1. 背景资料

企业有一项挖土施工任务，坑深为-4.2m，土方量为9000m²，平均运土距离为10km。合同工期为8d。企业有甲、乙、丙液压挖土机各4、2、2台，A、B、C自卸汽车各12、30、18台。其主要参数见表2-5和表2-6。

挖土机的主要参数　　表2-5

型号	甲	乙	丙
斗容量	0.50	0.75	1.00
台班产量（m²）	400	550	700
台班单价（元/台班）	1000	1200	1400

自卸汽车的主要参数　　表2-6

能力	A	B	C
运距10km台班运量	30	48	70
台班单价（元/台班）	330	460	730

2. 问题

(1) 若挖土机和自卸汽车只能各取一种，数量没有限制，如何组合最经济？单方挖运直接费为多少？

(2) 若每天1个班，安排挖土机和自卸气车的型号、数量不变，安排几台、何种型号挖土土挖机和自卸汽车。

(3) 按上述安排，每立方米土方的挖、运直接费为多少？

3. 分析与解答

(1) 挖土机每立方米土方的挖土直接费各为：

甲机：$1000 \div 400 = 2.5$ 元/m³；乙机：$1200 \div 550 = 2.18$ 元/m³ 丙机：$1400 \div 700 = 2.00$ 元/m³。故取丙机便宜。

自卸汽车每立方米运土直接费分别为：A车：$330 \div 30 = 10$ 元/m³；B车：$460 + 48 = 9.58$ 元/m³；C车：$730 + 70 = 10.43$ 元/m³。故取B车。每立方米土方挖运直接费为 $2 + 9.58 = 11.50$ 元/m³。

(2) 每天需挖土机的数量为：$9000/(700 \times 8) = 1.6$ 台，取2台（单位具有2台，可满足需要）。挖土时间为：$9000/(700 \times 2) = 6.43d$ 取 $6.5d < 8d$，可以按合同工期完成。

每天需要的挖土机和自卸汽车的台数比例为：$700 \div 48 = 14.6$ 台；则每天安排B自卸汽车数为：$2 \times 14.6 = 29.2$ 台取29台，即配置丙挖土机2台，B自卸汽车29台（有30台，可以满足需要）。29台车可运土方为 $29 \times 48 \times 6.5 = 9048m^3 > 9000m^3$，即 $6.5d$ 可以运完。（这里实际可以节省半个台班的汽车费用）

(3) 按上述安排，每立方米土方的实际挖、运直接费为：

$(1400 \times 2 + 460 \times 29) \times 6.5 \div 9000 = 104910 \div 9000 = 11.66$ 元/m³。

(4) 这是一个理想化的题目，如果单位的资源数（或某种资源数）不能满足工程要求则需要延长工期或改用其他资源，另如果施工现场允许堆土则更加复杂，但最终一点要求总费用最省。

实训5. 某办公楼工程资源配备方案

(1) 工程概况

本工程是集现代管理和先进技术装备于一体的智能型建筑，位于省府所在地。东临将军路，西遥市府大院，南对科协办公楼，北接中医院。

1) 工程设计情况：本工程由主楼和辅房两部分组成，建筑面积13779m², 投资约五千多万元。主楼为9层、11层、局部12层。座北朝南，南侧有突出的门厅；东侧辅房是三层的沿街餐厅、轿车库和门卫用房，与主楼垂直衔接；主楼地下室是人防、500t水池和机房；广场硬地下是地下车库；北面是消防通道；南面是7m宽的规划道路及主要出入口。室内±0.000，相当于黄海高程4.7m。现场地面平均高程约3.7m。

主楼是按7度抗震设防的框架剪力墙结构，柱网分7.2m×5.4m、7.2m×5.7m两种；$\phi 800$、$\phi 1100$、$\phi 1200$大孔径钻孔灌注桩基础，混凝土强度等级C25；地下室底板厚600mm，外围墙厚400mm，层高有3.45m和4.05m；一层层高有2.10、2.60、3.50m。标准层层高3.30m，11层层高5.00m；外围框架墙用混凝土小型砌块填充，内框架墙用轻质泰柏板分隔；楼、屋面板除现浇混凝土外，其余均采用预应力薄板上现浇厚度不同的钢筋混凝土的叠合板。辅房采用$\phi 500$水泥搅拌桩复合地基，于主楼衔接处，设宽150mm沉降缝。

设备情况：给排水、消防、电气均按一类高层建筑设计，水源采用了市政和省府行政二路供水，二个消防给水系统，大楼采用顶喷、侧喷和地下室满堂喷方式的自动喷淋系统；双向电源供电，配变电所设在主楼底层；冷暖两用中央空调；接地、防雷利用基础主筋并与大楼接地系统融为一体。

室外管线：水源从东北和西南角，分别从市政给水管和省府行政供水管接入，同雨水管一样绕建筑四周埋设。污水管经化粪池沿北侧东西向敷设。雨水、污水均在东北角引入市政管道网。

2) 工程特点

A. 本工程选用了大量轻质高强、性能好的新型材料，装饰上粗犷、大方和细腻相结合，手法恰到好处，表现了不同的质感和风韵。

B. 地基处于含水量大、力学性能差的淤泥质黏土层，且下卧持力层较深；基坑的支护处于淤泥质黏土层中，这将使基坑支护的难度和费用增加，加上地下室的占地面积大范围广，导致施工场地狭窄，难以展开施工。

C. 主要实物量：钻孔灌注桩2521m³，水泥搅拌桩192m³，围护设施250延米，防水混凝土1928m³，现浇混凝土3662m³，屋面1706m²，叠合板12164m²，门窗1571m²，填充墙10259m²，吊顶3018m²，楼地面16220m²。

3) 施工目标

A. 施工工期目标

合同工期580天，比国家定额工期（900天），提前35.6%交付使用。

B. 施工质量目标

确保市级优质工程，争创优质工程。

(2) 工程总体安排

本工程是一项综合性强、功能多，建筑装饰和设备安装要求较高，按一类建筑设计的项目。因此承担此项任务时，我们调配了一批年富力强、经验丰富的施工管理人员组成现场管理班子，周密计划、科学安排、严格管理、精心组织施工，安排好各专业工种的配合和交叉流水作业；同时组织一大批操作技能熟练、素质高的专业技术工人，发扬求实、创新、团结、拼搏的企业精神；公司优先调配施工机械器具，积极引进新技术、新装备和新工艺,以满足施工需要。施工力量及施工机械配置。

本工程属省重点工程,它的外形及内部结构复杂,技术要求高,工期紧。因此如何使人、材、机在时间空间上得到合理按排,以达到保质、保量、安全、如期地完成施工任务,是这个工程施工的难点,为此采取以下措施:

1) 施工人员的组织

A. 公司成立重点工程领导小组,由分公司经理任组长,每星期开一次生产调度会,及时解决进度、资金、质量、技术、安全等问题。

B. 成立项目部,从分公司和公司抽调强有力的技术骨干组成项目管理班子和施工班组。

C. 项目管理班子主要成员名单见表2-7。

项目管理班子主要成员名单　　　　　　　　　　　表2-7

岗 位	姓 名	职 称	岗 位	姓 名	职 称
项目经理	王××	高级工程师(一级项目经理)	安全员	潘××	工程师
技术负责人	吴××	高级工程师	材料员	王××	助理工程师
土建施工员	徐××	工程师	资料员	高××	工程师
水电施工员	姚××	高级工程师	暖通施工员	储××	工程师
质量员	许××	工程师	弱电施工员	献 ×	工程师

D. 劳动力配置详见劳动力计划表见表2-8。

分公司保证基本人员50人,各个技术岗位关键班组均派本公司人员负责,其余劳动力缺口,从江西和四川调集,签订劳务合同。

劳动力计划表　　　　　　　　　　　表2-8

专业工种	基础		主体		装修	
	人数	班组	人数	班组	人数	班组
木 工	43	2	77	4	20	1
钢筋工	24	1	40	2		
泥工(混凝土)	37	2	55	2		
(瓦 工)					24	1
(抹 灰)					56	3
架子工	4	1	12	1		
土建电工	2	1	4	1	2	
油漆工					18	1
其 他	3	1	6		3	
小 计	113		194		123	

注:表中砌体工程列入装修。

设备安装和弱电安装采用分包(劳动力不包括在内)。所需劳动力是根据规定工期,采用计划到排的形式确定各分部分项工程工作时间,然后按各分部分项工程的工程量和每天的工作班数计算所需要的劳动力。

a. 劳动量的计算

劳动量也称劳动工日数。凡是采用手工操作为主的施工过程，其劳动量均可按下式计算：

$$P_i = \frac{Q_i}{S_i} \text{ 或 } P_i = Q_i \times H_i \tag{2-1}$$

式中　P_i——某施工过程所需劳动量（工日）；
　　　Q_i——该施工过程的工程量（m^3、m^2、m、t）；
　　　S_i——该施工过程采用的产量定额（m^3/工日、m^2/工日、m/工日、t/工日等）；
　　　H_i——该施工过程采用的时间定额（工日/m^3、工日/m^2、工日/m、工日/t等）。

b. 所需劳动力的计算

根据施工过程需要的劳动量以及确定施工过程持续时间和每天的工作班数计算配备的劳动人数，其计算式（2-2）。

$$R = \frac{P}{N \times D} \tag{2-2}$$

式中　D——某手工操作为主的施工过程持续时间（天）；
　　　P——该施工过程所需的劳动量（工日）；
　　　R——该施工过程所配备的施工班组人数（人）；
　　　N——每天采用的工作班制（班）。

从上述公式可知，要计算确定某施工过程的劳动力，除已确定的 P 外，还必须先确定 D 及 N 的数值。

要确定施工班组人数 R，除了考虑必须能获得或能配备的施工班组人数（特别是技术工人人数）之外，在实际工作中，还必须结合施工现场的具体条件、最小工作面与最小劳动组合人数的要求等因素考虑，才能符合实际可能和要求的施工班组人数。

每天工作班制确定，当工期允许劳动力和施工机械周转使用不紧迫、施工工艺上无连续施工要求时，通常采用一班制施工，在建筑业中往往采用1.25班即10小时。当工期较紧或为了提高施工机械的使用率及加快机械的周转使用，或工艺上要求连续施工时，某些施工项目可考虑二班甚至三班制施工。但采用多班制施工，必然增加有关设施及费用，因此，须慎重研究确定（具体计算略）。

2）原材料、构配件

A. 根据建设单位已经接通的水、电源，按桩基、地下室和主体结构阶段的施工要求延伸水、电管线。

a. 施工用电

施工机械及照明用电的测算，建设单位应向施工单位提供315kVA的配电变压器，用电量规格为380/220V。

b. 施工用水

根据用水量的计算，施工用水和生活用水之和小于消防用水（10升/秒），由于占地面积小于5公顷，供水管流速为1.5m/s。

故总管管径：$D = \sqrt{\dfrac{4000Q}{\pi V}} = \sqrt{\dfrac{4000 \times 1.1 \times 10}{\pi \times 1.5}} = 97 \text{mm}$

选取 100 的铸铁管，分管采用 1 英寸管。

B. 临时设施，见表 2-9。主体施工阶段，即施工高峰期，除了利用部分应予拆除，可暂缓拆除的旧房作临设外，还可利用建好的地下室作职工临时宿舍。

临 设 一 览 表　　　　　　　　　　　表 2-9

名 称	计算量	结构形式	建筑面积（m²）	备 注
钢筋加工棚	40 人	敞开式竹（钢）结构	24×5=120	3m²/人在旧房加宽
木工加工棚	60 人	敞开式竹（钢）结构	24×5=120	2m²/人
职工宿舍	200 人	二层装配式活动房	6×3×10×2=360	双层床统铺
职工食堂	200 人	利用旧房屋加设砖混工棚	12×5=60	
办公室	23 人	二层装配式活动房	6×3×6×2=216	
拌和机棚	2 台	敞开钢棚	12×7=84	
厕 所		利用现有旧厕所	4×5×2=40	高峰期另行设置
水泥散装库	20t×2	成品购入	用地 2.5×2.5×2=12.5	

临时设施数量的确定是根据劳动力数量、机械数量及相关的定额确定的。

C. 材料供应计划见表 2-10。

材料供应计划表　　　　　　　　　　　表 2-10

材料名称	数量（t）	其中：桩基工程	基础、地下室、主体及装修
32.5 硅酸盐水泥	6100	710	5390
钢 筋	1006	78	928
其中：$\phi 6$	105	20	85
$\phi 8$	33	15	18
$\phi 10$	123		123
$\Phi 12$	84		84
$\Phi 14$	22	15.8	6.2
$\Phi 16$	225		225
$\Phi 18$	129	13.1	115.9
$\Phi 20$	132	29	103
$\Phi 22$	98		98
$\Phi 25$	55		55

注：1. 表列二材不包括支护及其他施工技术措施耗用量。
2. 桩基工程二材，水泥在开工前一个月提供样品 20t，开工前五天后陆续进场，钢筋在开工前十天进场。
3. 基础地下室工程二材，水泥开工后第四十天陆续进场，钢筋在开工后陆续进场。
4. 主体、装修工程二材，开工后按提前编制的供应计划组织进场。
5. 施工进场材料的确定是根据总的需要量、施工现场的条件、流动资金的周转情况、材料的供货情况和相应的储存要求确定的

3）主要施工机具见表 2-11。

主要施工机具一览表

表 2-11

序号	机具名称	规格型号	单位	数量	备注
1	潜水钻孔打桩机	电动式 30×2kW	台	1	备 ϕ800、ϕ100、ϕ1100 钻头
2	泥浆泵（灰浆泵）	直接作用式 HB6-3	台	1	
3	污水泵		台	1	备用
4	砂石泵	与钻机配套	台	1	泵举反循环排渣时
5	单斗挖掘机	W1-60、W2-100	台	1	地下室掘土
6	自卸汽车	QD351 或 352	辆	另行组合	根据弃土运距实际组合
7	水泥搅拌机	JZC350	台	2	
8	履带吊或汽车吊	W1-50 型或 QL3-16	台	2	吊钢筋笼
9	附着式塔吊	QTZ40C	台	1	
10	钢筋对焊机	UN100（100kVA）	台	1	
11	钢筋调直机	GT4-1A	台	1	
12	钢筋切割机	GQ40	台	1	
13	单头水泥搅拌桩机		台	2	用于围护桩
14	钢筋弯曲机	GW32	台	1	
15	剪板机	Q1-2020×2000	台	1	
16	交流电焊机	BS1-330 21kVA	台	1	
17	交流电焊机	轻型	台	2	
18	插入式振动机	V30、V-38、V48、V60	台	7	其中 V-48 4 台
19	平板式振动机		台		2
20	真空吸水机	ZF15、22	台	1	
21	混凝土抹光机	HZJ-40	台	1	
22	潜水泵	扬 20m、153/h	台	3	备用 1 台
23	蛙式打夯机	HW60	台	2	
24	压刨	MB403 B300mm	台	1	
25	木工平刨	M506 B600mm	台	2	
26	圆盘锯	MJ225 ϕ500、ϕ300	台	2	
27	多用木工车床		台	1	
28	弯管机	W27-60	台	1	
29	手提式冲击钻	BCSZ、SB4502	台	5	
30	钢管	ϕ48	吨	110	挑脚手 50t 安全网 10t，支撑 100 吨
31	井架（含卷扬机）	3.5×27.5kW	台	2	
32	人力车	100kG	辆	20	
33	安全网	10cm×10cm 目，宽 3m	m²	2000	
34	钢木竹楼板模板体系	早拆型	m²	2400	
35	安全围护	宽幅编织布 VA)	m	2000	

续表

序 号	机具名称	规格型号	单 位	数 量	备 注
36	竹脚手片	800×1200	片	2500	
37	电渣压力焊	14kW	台	1	
38	灰浆搅拌机	UJZ-2003m²/h	台	2	
39	混凝土搅拌机	350L	台	1	

所需施工机械是根据规定工期，采用计划到排的形式确定各分部分项工程工作时间，然后按各分部分项工程的机械台班量和每天的工作的台班数计算所需要的施工机械。

A. 机械台班量的计算

凡是采用机械为主的施工过程，可按下式计算其所需的机械台班数。

$$P_{机械} = \frac{Q_{机械}}{S_{机械}} 或 P_{机械} = Q_{机械} \times H_{机械} \tag{2-3}$$

式中　$P_{机械}$——某施工过程需要的机械台班数（台班）；

$Q_{机械}$——机械完成的工程量（m^3、t、件等）；

$S_{机械}$——机械的产量定额（m^3/台班、t/台班等）；

$H_{机械}$——机械的时间定额（台班/m^3、台班/t 等）。

在实际计算中 $S_{机械}$ 或 $H_{机械}$ 的采用应根据机械的实际情况、施工条件等因素考虑，结合实际确定，以便准确地计算需要的机械台班数。

B. 计算所需机械数量

根据施工过程需要的机械台班量以及确定施工过程持续时间和每天的工作台班，确定配备的机械台数。其计算如式（2-4）。

$$R_{机械} = \frac{P_{机械}}{N_{机械} \times D_{机械}} \tag{2-4}$$

式中　$D_{机械}$——某机械施工为主的施工过程的持续时间（天）；

$P_{机械}$——该施工过程所需的机械台班数（台班）；

$R_{机械}$——该施工过程所配备的机械台数（台）；

$N_{机械}$——每天采用的工作台班（台班）。

从上述公式可知，要计算确定某施工过程机械数量，除已确定的 $P_{机械}$ 外，还必须先确定 $D_{机械}$ 及 $N_{机械}$ 的数值。

要确定施工机械台班数 $R_{机械}$，除了考虑必须能获得或能配备的施工机械台数之外，在实际工作中，还必须结合施工现场的具体条件以及机械施工的工作面大小、机械效率、机械必要的停歇维修与保养时间等因素考虑，才能符合实际可能和要求的施工机械台数。

每天工作班制确定，当工期允许施工机械周转使用不紧迫、施工工艺上无连续施工要求时，通常采用一班制施工，在建筑业中往往采用 1.25 班即 10 小时。当工期较紧或为了提高施工机械的使用率及加快机械的周转使用，或工艺上要求连续施工时，某些施工项目可考虑二班甚至三班制施工（具体计算略）。

复习思考题

1. 劳动要素的内容有哪些?
2. 施工机具的来源选择有几种?
3. 施工材料管理的任务是什么?
4. ABC材料分类法的基本原理是什么?
5. 施工人员的构成及确定原则如何?
6. 选择施工方法和施工机械应满足哪些基本要求?
7. 如何确定施工过程的劳动量或机械台班量?
8. 如何确定施工过程的延续时间?资源需要量计划有哪些?

单元 3　施工项目安全管理

知 识 点：安全管理的一般概念，影响施工安全的主要因素和现在安全管理的内容。

教学目标：通过教学使学生了解施工安全的重要性，把握施工现场可能出现的不安全因素，及时做好防范工作，正确处理安全事故。

课题 1　施工项目安全管理概述

1.1　安全生产的基本概念

1.1.1　安全生产

安全生产就是在工程施工中不出现伤亡事故、重大的职业病和中毒现象。就是说在工程施工中不仅要杜绝伤亡事故的发生，还要预防职业病和中毒事件的发生。

1.1.2　安全生产管理

施工项目安全生产管理，坚持安全第一、预防为主的方针。

建设单位、勘察单位、设计单位、施工单位、工程监理单位及其他与建设工程安全生产有关的单位，必须遵守安全生产法律、法规的规定，保证建设工程安全生产，依法承担建设工程安全生产责任。

1.2　我国建筑工程安全管理的特点

1.2.1　安全立法规范建筑施工安全生产

（1）安全生产立法

我国历来重视安全生产，从立法上就有《中华人民共和国劳动保护法》、《中华人民共和国建筑法》、《中华人民共和国安全生产法》、《中华人民共和国职业病防治法》等，2003年11月又出台了《建筑工程安全生产管理条例》。

（2）完善了建筑安全生产法规规章及标准规范体系

为建立安全生产的长效机制，建设部加快了制定修改配套规章制度和技术标准规范的步伐。

1）颁布了《建筑施工企业安全生产许可证管理规定》（建设部令128号），《建筑施工企业三类人员安全生产考核暂行规定》、《建筑施工企业安全生产许可证管理规定实施意见》、《中央管理的建筑施工企业主要负责人、项目负责人和专职安全生产管理人员安全生产考核管理实施细则》等文件，规范了建筑施工企业安全生产许可及建筑施工企业三类人员安全生产考核两项许可制度。

2）根据《建设工程安全生产管理条例》要求，出台了《建筑施工企业安全生产管理机构设置及专职安全生产管理人员配备办法》，明确要求建筑施工企业应当独立设置安全生产管理机构，负责本企业（分支机构）的安全生产管理工作。并且，必须在建设工程项目中设立安全生产管理机构。机构内的专职安全生产管理人员也应当按企业资质类别和等级足额配备，保证了安全生产的必要投入。下发了《危险性较大工程安全专项施工方案专家论证审查办法》，确保各专项工程安全施工方案的准确性和安全性。目前正在讨论《建筑施工企业安全文明施工措施费用监督管理规定》，保证施工单位对施工生产的必要安全生产所需资金的投入，形成企业安全生产投入的长效机制。

3) 印发《关于建立全国建筑安全生产联络员制度》和《全国建筑安全生产联络员工作办法》，建立了全国建筑安全生产联络员制度，并对联络员的职责作了明确的规定。

4) 修订了《城市危险房屋管理规定》和《危险房屋鉴定标准》，根据《物业管理条例》，制定了《业主临时公约（示范文本）》，促进业主形成房屋使用安全的自我管理、自我约束机制。

5) 组织起草了《城市公共交通条例》和《城市轨道交通管理办法》，明确了对城市轨道交通安全的有关规定。

6) 制定了建筑工程施工安全专业标准体系。通过了《建筑施工现场环境与卫生标准》、《施工企业安全管理规范》、《建筑拆除工程安全技术规范》、《建筑施工木脚手架安全技术规范》等标准规范的审查；《土石方工程施工安全技术规程》、《建筑施工碗扣式钢管脚手架安全技术规程》、《建筑施工工具式脚手架安全技术规程》等近20项有关施工安全、城市建设公共安全、房屋使用安全等方面的标准规范即将出台；下达了编制《地铁安全评价标准》的任务。建设领域安全生产行政法规体系初步形成。

1.2.2 建立了安全生产控制指标体系

建设部于2004年初下发了《建设部关于贯彻落实国务院＜关于进一步加强安全生产工作的决定＞的意见》（建质[2004] 47号），确立了建筑安全生产工作的指导思想，明确了2007年、2010年以及2020年建筑安全生产工作的奋斗目标。

建设部按照《决定》要求，制定了全国建设领域的安全生产控制指标。通过制定安全生产控制指标，强化了目标管理，加大了安全工作压力，更好的落实了安全生产责任制。全年建筑安全生产工作紧紧围绕确保不突破控制指标这个关键，及时掌控了解各地控制指标制定和实际工作情况，使得安全工作目标更加明确、具体，建设领域安全生产控制指标体系初步形成。

1.2.3 建立了预警制度和进行专项整治

针对当前我国建筑安全生产的薄弱环节，将事故多发、死亡人数突破阶段控制指标的地区、开发区、高教园区、城乡结合部的建设工程以及拆除工程等方面作为监管重点，并根据不同时期的特点进行预警制度和专项整治。

(1) 针对大型公共建筑质量安全问题，建设部下发了《关于加强大型公共建筑质量安全管理的通知》，要求各地对在建和已竣工的体育场馆、机场航站楼、大型剧院、会展中心等大型公共建筑的设计、施工安全进行专项检查，检查后印发了《关于全国大型公共建筑质量安全检查情况的通报》。

(2) 根据建设领域的安全生产实际情况，对建筑施工、城市燃气、公共交通、风景名胜区、城市公园和房屋管理等方面的安全生产开展了专项整治。在专项整治中关闭取缔了一批不具备安全生产条件的企业。

(3) 加大处罚力度，建立信用惩戒机制。

建设部进一步加大了对重大安全事故查处力度，去年对发生重大事故、负有责任的建筑施工企业给予了停业整顿、降低资质等级等处罚，对负有责任的监理工程师给予吊销监理工程师注册证书或停止监理工程师执业等处罚。对一批发生事故的建筑施工企业、监理企业、项目经理在企业资质年审、资质升级或个人资格年审、升级时，均给予了其不通过，或暂缓通过等处罚。同时，为加强企业安全信用建设，加大社会安全生产监督力度，建设部还建立了重大事故通报制度，将安全生产形势和重大事故的查处情况每季度或半年向全国通报。正式开通了建筑安全生产监督管理信息系统，将企业和个人安全不良记录向全社会公示，对严重忽视安全生产、导致重特大事故发生的典型事例即时向社会发布，予以曝光，初步建立了信用惩戒机制。

(4) 初步形成全社会齐抓共管的建筑安全生产工作新格局

建设部门调动社会公众广泛参与，利用电视、报纸、杂志、网络等多种宣传手段，以知识竞赛、演讲、读书活动、文艺演出等多种形式开展宣传活动，充分发挥了媒体作用，加大了宣传力度，强化社会监督、群众监督和新闻媒体监督，初步形成"政府统一领导、部门依法监管、企业全面负责、群众参与监督、全社会广泛支持"的建筑安全生产工作新格局。

课题2 施工现场安全管理

2.1 施工现场安全管理

2.1.1 安全生产制度

安全生产责任制是企业各级领导、职能部门、工程技术人员、岗位操作人员在劳动生产过程中层层应负责安全责任的一种制度。它是企业岗位责任制的重要组成部分，也是企业劳动保护管理的核心。制定安全生产责任制度，明确施工企业各级人员的安全责任，切实抓好制度落实和责任落实，是搞好安全管理的重要措施。制定安全生产责任制度，具体表现在以下几个方面：

(1) 建立、完善以项目经理为首的安全生产领导组织，项目经理应当对工程施工过程中的安全工作负全责，在布置、检查、总结生产时，同时布置、检查、总结安全工作，有组织、有领导的开展安全管理活动。决不能只挂帅，而不具体负责。

(2) 建立、健全安全管理责任制，明确各级人员的安全责任，这是搞好安全管理的基础。从项目经理到一线工人，安全管理做到纵向到底，一环不漏；从专门管理机构到生产班组，安全生产做到横向到边，层层有责任人。

(3) 施工项目应通过管理部门的生产资质审查，这是确保安全生产的重点。一切从事生产管理与操作的人员，应当依照其从事的生产内容和工种，分别通过企业、施工项目的安全审查，取得安全操作许可证，进行持证上岗。特种工种的作业人员，除必须经企业的安全审查外，还需按规定参加安全操作考核，取得监察部门核发的安全操作合格证。

(4) 一切参与工程施工的管理人员和操作人员，都要与施工项目签订安全协议，向施工项目做出安全的书面保证。

(5) 安全生产责任制落实情况的检查，应当认真、详细的记录，作为重要的技术资料存档。

(6) 施工项目负责施工生产中物的状态审验与认可，承担物的状态漏验、失控的管理责任，接受由此而出现的经济损失。

2.1.2 安全生产技术

生产技术工作是通过完善生产工艺过程、完备生产设备、规范工艺操作，从而发挥技术的作用，来保证生产顺利进行的。生产技术不仅包括了工艺技术，也包括了安全技术。两者的实施目标虽各有侧重，但工作目的完全统一在保证生产顺利进行，实现快速、优质、安全这一共同的基点上。生产技术与安全技术的统一，体现了安全生产责任制在生产过程中的具体落实，也体现了"管生产同时管安全"的管理原则。生产技术与安全技术的统一，具体表现在以下几个方面：

(1) 在施工生产正式进行之前，要考虑产品的特点、规模、质量要求、生产环境、自然条件等。摸清生产人员的流动规律、能源供给状况、机械设备配置条件、临时设施规模，以及物料供应、储放、运输等条件。根据以上各种条件，结合对安全技术的要求，完成生产因素的合理匹配计算，进行科学施工设计和现场布置。

经过批准的施工设计和现场布置，即成为施工现场中生产因素流动与动态控制的依据，是落实生产技术与安全技术的保证。

(2) 施工项目中的分部、分项工程，在正式施工进行之前，针对工程具体情况与生产因素的流动特点，完成作业或操作方案。这将为分部、分项工程的实施提供具体的作业或操作规范。操作方案完成后，技术人员要把操作方案的设计思想、内容和要求，向作业人员进行详细的交底。交底既是安全知识教育的过程，同时也确定了安全技能训练的时机和目标。

(3) 从控制人的不安全行为、物的不安全状态，预防伤害事故的发生，保证生产工艺过程顺利实施的角度，在生产技术工作中，应纳入以下的安全管理职责：

1) 进行安全知识、安全技能的教育，规范人的行为，使操作者获得完善的、自动化的操作行为，减少生产操作中人为的失误。

2) 参加安全检查和事故的调查，从中充分了解在生产过程中，物的不安全状态存在的环节和部位、发生与发展、危害性质与程度，摸索和研究控制物的不安全状态的规律和方法，提高对物的不安全状态的控制能力。

3) 严格把好设备、设施用前的验收关，决不能使有危险状态的设备、设施盲目投入运行，预防人、机运动轨迹交叉而发生的伤害事故。

2.1.3 安全生产教育

(1) 安全教育的主要内容有以下几个方面：

1) 新工人入施工现场三级安全教育

新工人入施工现场三级安全教育，是指对新入施工现场的工人必须接受公司、项目部和施工队（班组）三级的安全教育。教育的内容包括：安全技术知识、设备性能、操作规程、安全制度和严禁事项等。新工人经过三级安全教育考试合格后，方可进入操作岗位工。

2) 特殊工种的专门教育

特殊工种的专门教育，是指对特殊工种的工人，进行专门的安全技术教育和训练。特殊工种不同于其他一般工种，它在生产过程中担负着特殊的任务，工作中危险性大，发生事故的机会多，一旦发生事故对企业的生产影响较大。所以，在安全技术知识方面必须严格要求。这是保证安全生产、防止伤亡事故的重要措施。特殊工种的工人必须按规定的内容和时间进行培训，然后经过严格的考试，取得合格证书后，才准予独立操作。

3）经常性的安全生产教育

经常性的安全生产教育，可根据施工企业的具体情况和实际需要，采取多种形式进行。如开展安全活动日、安全活动月、质量安全年等活动，召开安全例会、班前班后安全会、事故现场会、安全技术交底会等各种类型的会议，利用广播、黑板报、工程简报、安全技术讲座等多种形式进行宣传教育工作。

(2) 进行安全生产教育要注意的问题

1）安全生产教育要突出"全"字

安全生产是整个企业的事情，牵连到每个职工的思想和行动。因此，安全生产的宣传教育工作应当是全员的、全过程的、全面的进行，宣传教育面必须达到100%，使企业各级领导都重视安全生产教育，职工人人接受安全生产教育，真正做到安全生产知识家喻户晓、人人皆知。

2）安全生产教育要突出效果

通过安全生产教育，增强企业全体职工的安全生产意识，实现工程施工全过程的安全生产，这是安全生产教育的目的和达到的效果。安全生产教育要想取得预期的效果，必须抓好以下三个步骤：

第一步是全面传授安全生产知识，这是解决"知"的问题。选择的安全生产教育内容，一定要具有针对性、及时性和适用性。第二步是使职工掌握安全生产的操作技能，把掌握的知识运用到实际工作中去，这是解决"会"的问题。第三步是经常对职工进行安全生产的态度教育，即安全生产教育长抓不懈，形成制度，提高职工安全生产的自觉性，使每个职工在日常的施工中，处处、事事、时时都认真贯彻执行安全生产的有关规定。

3）抓落实、抓考核

这是安全生产教育能否取得良好效果的保证和基础。只有口头的宣传和布置，而无具体措施抓落实、抓考核，安全生产将成为一句空话。施工企业的各级领导要切实抓好这一关键性的环节，建立安全生产考核检查办法，组织强有力的安全生产的监督检查机构，形成落实安全生产的系统网络，使安全生产教育真正起到应有的作用。

2.2 施工安全的技术措施

针对施工现场的不安全因素编制相应的安全措施：

(1) 保证施工现场安全生产

保证施工现场的安全生产，是加快工程进度、保证工程质量、降低工程成本的关键。企业的全体职工，必须在保证施工现场安全生产方面严肃认真对待。为保证施工现场安全生产，应当做到以下几点：

1）进入施工现场的作业人员，必须认真执行和遵守安全技术操作规程；

2）各种机具设备、建筑材料、预制构件、临时设施等，必须按照施工平面图进行布置，保证施工现场道路和排水畅通。

3）按照施工组织设计的具体安排，形成良好的施工环境和协调的施工顺序，实现科学、文明、安全施工。

4）施工现场的高压线路和防火设施，要符合供电局和公安消防部门的规定，设施应当完备可靠，使用方便。

5）根据工程的实际需要，施工现场应做好可靠的安全防护工作，以及各种安全设备和标志，确保作业的安全。

(2) 预防高空坠落和物体打击事故

高空坠落和物体打击，是施工现场经常发生的事故。尤其是建筑工程向着高层和超高层发展后，发生高空坠落和物体打击事故概率增大。因此，预防高空坠落和物体打击事故，是施工现场安全管理的一项重要任务。必须做到以下几点：

1）保证高空作业的脚手架、平台、斜道、栏杆、跳板等设施的坚固和稳定。

2）多层或高层建筑施工时，必须按规定设置安全网，在楼梯口、阳台口、电梯口、电梯井口及预留洞口处，必须安装防护措施。

3）严禁高空作业人员从高处抛投任何料物，严格监督进入施工现场的人员必须佩戴安全帽，高空作业人员必须佩戴安全带。

4）在材料和构件吊装施工时，吊具必须牢固，严禁吊臂下站人，并设置安全通道。

5）不准在8级以上强风或大雪、大雨、雾天从事露天高空作业。

6）禁止患高血压、心脏病等不适于高空作业的人员从事高空作业，严禁酒后从事高空作业。

(3) 预防发生坍塌事故

建筑工程中的坍塌事故，是一种危害较大的事故，易造成人员的伤亡，施工中必须认真对待，采取有效措施，避免此类事故的发生。根据施工经验，一般应注意以下几个方面：

1）在土石方开挖前，应根据挖掘深度和地质情况，做好边坡设计或边坡支护工作，并做好周围的排水。

2）施工用脚手架的搭设必须科学合理，所用的材料必须符合质量要求。

3）大型模板、墙板的存放，必须设置垫木和拉杆，或者采用插放架，同时必须绑扎牢固，以保持稳定。

4）大型吊装构件在吊装摘钩前，必须就位焊接牢固，不能先摘吊钩、后焊接。

5）楼板与墙体的搭接必须符合设计规定，楼板就位后应及时浇灌混凝土固定，在固定的楼板上不得堆放物品，以防楼板塌落。

6）在安装阳台时，要逐层支设临时支柱，连续支顶不得少于3层，阳台板预留钢筋要及时与圈梁钢筋焊牢。

(4) 预防机械伤害事故

机械运转速度较快，很容易出现机械伤害事故，这也是施工安全管理工作的重点内容。在预防机械伤害事故中，主要应当做到以下几点：

1）必须健全机械的防护装置，所有机械的传动带、明齿轮、明轴、皮带轮、飞轮等，都应当设置防护网或防护罩，电锯和木工电刨也应设置防护装置。

2) 机械操作人员，必须严格按操作规程和劳保规定进行操作，并按规定佩戴防护用具。

3) 各种起重设备，应根据需要配备安全限位装置、起重量控制器、联锁开关等安全装置。

4) 起重机指挥人员和司机应严格遵守操作规程，不得违章作业。

5) 所有机械设备、起重机具都要经常检查、保养和维修，保证其灵敏可靠。

(5) 预防发生触电事故

随着施工机械化程度的提高，施工用电也越来越多，发生触电事故的机率也越来越高。因此，预防发生触电事故，是施工安全管理中的一项重要任务。预防发生触电事故，主要应注意以下几个方面：

1) 建立健全安全用电管理制度，制定电气设施的安装标准、运行管理、定期检查制度。

2) 根据施工组织和施工方案，订出具体的用电计划，选择合适的变压器和输电线路。

3) 做好电器设备和用电设施的防护措施，施工中要采用安全电压。

4) 设置电气技术专业安全监督检查员，经常检查施工现场和车间的电气设备和闸具，及时排除用电中的隐患。

5) 有计划、有组织地培训各类电工、电器设备操作工、电焊工和经常与电气接触的人员，学习安全用电知识和用电管理规程，严禁无证人员从事电气作业。

(6) 预防发生职业性疾病

由于建筑工程的施工具有露天作业多、使用材料复杂、施工条件恶劣等特点，若不注意很容易发生职业性疾病，这也是施工安全管理中十分突出的问题。因此，在预防发生职业性疾病时，应当注意以下几个方面：

1) 搅拌机应采取密封以及排尘、除尘等措施，以减少水泥粉尘的浓度，使其达到国家要求的标准。

2) 提高机械设备的精密度，并采取消声措施，以减少机械设备运转时的噪声。

3) 对从事混凝土搅拌、接近粉尘浓度较大、接近噪声源、受电焊光刺激、强烈日光照射等作业人员，应采取相应的保护措施，并配备相应的防护用品，减少作业人员在烈日下的作业时间，以减少或杜绝日射病、电光性眼炎及水泥尘肺等职业病。

(7) 预防中毒、中暑事故

建筑工程使用的材料，有些对于人身是有害的；在炎热的气候条件下作业，也会发生中暑事故。因此，预防中毒、中暑事故，也是施工安全管理中的内容之一。对工程中所使用的有毒性材料，应当严格保管使用制度。对有毒性材料要有专人管理，实行严格的限额领料和限量使用；对有毒性材料的施工，应培训有关人员，并做好防毒措施。对从事高温和夏季露天作业人员，要采取降温、通风和其他有效措施。对不适应高温、露天作业人员要调离其工作岗位。对高温季节露天作业人员，其工作时间应进行适当调整，尽量将施工安排在早晨和晚上。

(8) 雨期施工的安全措施

雨期施工，是施工难度较大的时期，也给施工安全管理带来很大困难。这是施工安全管理中的重点，应采取以下安全措施：

1）在雨季到来之前，要组织电气管理人员，对施工现场所用的电器设备、线路及漏电保护装置，进行认真地检查维修。对发现的电气问题，应立即进行处理。

2）凡露天使用的电器设备和电闸等，都要有可靠的防雨防潮措施；塔式起重机、钢管脚手架、龙门架等高大设施，应做好防雷保护。

3）尽量避免在雨期进行开挖基坑或管沟等地下作业，若必须在雨期开挖时，要制定排水方案及防止坍塌的措施。

4）在风雨之后，应尽快排除积水、清扫现场和脚手架，防止发生滑倒摔伤或坠落事故。

5）雨后要立即检查塔式起重机、脚手架、井字架等设备的地基情况，看是否有下陷坍塌现象，若发现有下沉要立即进行处理。

课题3 施工安全事故处理

3.1 施工安全事故的分类

安全事故的分类可以按轻重分成重大事故和一般事故二类，按是否实际发生损失可以分为已遂事故和未遂事故或事故隐患二类。

3.1.1 重大事故

重大事故，系指在工程建设过程中由于责任过失造成工程倒塌或报废、机械设备毁坏和安全设施失当造成人身伤亡或者重大经济损失的事故。重大事故分为四个等级：

(1) 具备下列条件之一者为一级重大事故：

1）死亡三十人以上；

2）直接经济损失三百万元以上。

(2) 具备下列条件之一者为二级重大事故：

1）死亡十人以上，二十九人以下；

2）直接经济损失一百万元以上，不满三百万元。

(3) 具备下列条件之一者为三级重大事故：

1）死亡三人以上，九人以下；

2）重伤二十人以上；

3）直接经济损失三十万元以上，不满一百万元。

(4) 具备下列条件之一者为四级重大事故：

1）死亡二人以下；

2）重伤三人以上，十九人以下；

3）直接经济损失十万元以上，不满三十万元。

3.1.2 一般事故

事故已经发生，但损失不超过重大事故条件的称一般事故。

3.1.3 未遂事故或事故隐患

事故已经发生，但没有损失的称未遂事故。事故没有发生但有事故苗头，可能会发生事故的称事故隐患。

3.2 施工安全事故的处理

3.2.1 重大事故的处理

（1）重大事故的报告和现场保护

1）重大事故报告制度

重大事故发生后，事故发生单位必须以最快方式，将事故的简要情况向上级主管部门和事故发生地的市、县级建设行政主管部门及检察、劳动（如有人身伤亡）部门报告；事故发生单位属于国务院部委的，应同时向国务院有关主管部门报告。事故发生地的市、县级建设行政主管部门接到报告后，应当立即向人民政府和省、自治区、直辖市建设行政主管部门报告；省、自治区、直辖市建设行政主管部门接到报告后，应当立即向人民政府和建设部报告。重大事故发生后，事故发生单位应当在 24 小时内写出书面报告，上述所列程序和部门逐级上报。重大事故书面报告应当包括以下内容：

A. 事故发生的时间、地点、工程项目、企业名称；

B. 事故发生的简要经过、伤亡人数和直接经济损失的初步估计；

C. 事故发生原因的初步判断；

D. 事故发生后采取的措施及事故控制情况；

E. 事故报告单位。

2）现场保护

事故发生后，事故发生单位和事故发生地的建设行政主管部门，应当严格保护事故现场，采取有效措施抢救人员和财产，防止事故扩大。因抢救人员、疏导交通等原因，需要移动现场物件时，应当做出标志，绘制现场简图并做出书面记录，妥善保存现场重要痕迹、物证，有条件的可以拍照或录相。

（2）重大事故的调查

重大事故的调查由事故发生地的市、县级以上建设行政主管部门或国务院有关主管部门组织成立调查组负责进行。调查组由建设行政主管部门、事故发生单位的主管部门和劳动等有关部门的人员组成，并应邀请人民检察机关和工会派员参加。必要时，调查组可以聘请有关方面的专家协助进行技术鉴定、事故分析和财产损失的评估工作。

1）一、二级重大事故由省、自治区、直辖市建设行政主管部门提出调查组组成意见，报请人民政府批准；

2）三、四级重大事故由事故发生地的市、县级建设行政主管部门提出调查组组成意见，报请人民政府批准。事故发生单位属于国务院部委的，按本条一、二款的规定，由国务院有关主管部门或其授权部门会同当地建设行政主管部门提出调查组组成意见。

（3）重大事故调查组的职责和权力

1）重大事故调查组的职责和权力

A. 组织技术鉴定；

B. 查明事故发生的原因、过程、人员伤亡及财产损失情况；

C. 查明事故的性质、责任单位和主要责任者；

D. 提出事故处理意见及防止类似事故再次发生所应采取措施的建议；

E. 提出对事故责任者的处理建议；

F. 写出事故调查报告。

2）重大事故调查组的权力

A. 调查组有权向事故发生单位、各有关单位和个人了解事故的有关情况，索取有关资料，任何单位和个人不得拒绝和隐瞒。

B. 任何单位和个人不得以任何方式阻碍、干扰调查组的正常工作。

C. 调查组在调查工作结束后十日内，应当将调查报告报送批准组成调查组的人民政府和建设行政主管部门以及调查组其他成员部门。经组织调查的部门同意，调查工作即告结束。

D. 事故处理完毕后，事故发生单位应当尽快写出详细的事故处理报告，按上述所列程序逐级上报。

（4）重大事故的处理

A. 事故发生后隐瞒不报、谎报、故意拖延报告期限的，故意破坏现场的，阻碍调查工作正常进行的，无正当理由拒绝调查组查询或者拒绝提供与事故有关情况、资料的，以及提供伪证的，由其所在单位或上级主管部门按有关规定给予行政处分；构成犯罪的，由司法机关依法追究刑事责任。

B. 对造成重大事故的责任者，由其所在单位或上级主管部门给予行政处分；构成犯罪的，由司法机关依法追究刑事责任。

C. 对造成重大事故承担直接责任的建设单位、勘察设计单位、施工单位、构配件生产单位及其他单位，由其上级主管部门或当地建设行政主管部门，根据调查组的建议，令其限期改善工程建设技术安全措施，并依据有关法规予以处罚。

3.2.2 一般事故的处理

除重大事故以外其余均为一般事故。这些事故多，在施工现场经常会发生，而且也不太引起重视，往往会隐瞒私下处理，因此很容易引起纠纷。

（1）事故发生后，以严肃、科学的态度去认识事故，实事求是的按照有关规定，及时向有关部门报告。不隐瞒、不虚报、不避重就轻，是对待事故的正确做法。

（2）在积极抢救受伤人员的同时，采取措施保护好事故现场，以利于调查清楚发生事故的原因，从事故中找出生产因素控制的差距，避免发生同类事故。

（3）弄清事故发生的过程，分析事故发生的原因，找出造成事故的人、物、环境状态方面的主要因素。分清造成事故的安全责任，总结生产因素管理方面的教训。

（4）以发生的事故作为教育内容，及时召开事故现场会和事故分析会，进行深刻的安全教育。通过安全教育，使所有生产部位、生产过程中的操作人员，从发生的事故中看到危害，提高他们安全生产的自觉性，从而在操作中积极的实行安全行为，主动去消除物的不安全状态。

（5）经过对事故的科学分析，找出事故发生的原因后，应采取预防类似事故重复发生的措施，并组织彻底的整改；使采取的预防措施和整改方案，得到全面落实。通过严格的检查验收，证明危险因素确实已完全消除时，才能恢复施工作业。

3.2.3 未遂事故和事故隐患的处理

正确对待未遂事故和事故隐患。未造成伤害的事故，习惯称为未遂事故或事故隐患。未遂事故和事故隐患虽然没有造成人员伤害或经济损失，但也是违背人们的意愿，其危险后果是隐藏的和不可估计的。未遂事故和事故隐患同已遂事故一样,也同样暴露出安全管理上的缺陷,严重事故的发生随时随地存在,这是生产因素状态控制的薄弱环节。因此,对待未遂事故,应当与发生事故一样,进行认真调查、科学分析、妥善处理。

实 训 课 题

实训 1. 带领学生参观施工现场,熟悉施工现在,了解施工现场的不安全因素和事故隐患,制定相应措施。找一、二个安全事故的典型案例,介绍产生的原因和善后处理的经验教训。

实训 2. 某工程施工现场的安全措施,请对比实际的施工现场说出其考虑的不足。

背景资料(详见单元 2 实训课题实训 5)

1. 保证安全施工措施

严格执行各项安全管理制度和安全操作规程,并采取以下措施:

(1) 沿将军路的附房,距规划红线外 7m 处(不占人行道)设置 2.5m 高的通长封闭式围护隔离带,通道口设置红色信号灯、警告电铃及专人看守。

(2) 在 3 层悬挑脚手架上,满铺脚手片,用钢丝与小横杆扎牢,外扎 80cm×100cm 竹脚手片,设钢管扶手,钢管踢脚杆,并用塑料编织布封闭。附房部分,设双排钢管脚手架,与主楼悬挑架同样围护,主楼在 3 层楼面标高处,支撑挑出 3m 的安全网。井字架四周用安全网全封闭围护。

(3) 固定的塔吊、金属井字架等设置避雷装置,其接地电阻不大于 4Ω,所有机电设备,均应实行专人专机负责。

(4) 严禁由高处向下抛扔垃圾、料具物品;各层电梯口、楼梯口、通道口、预留洞口设置安全护栏。

(5) 加强防火、防盗工作,指定专人巡监。每层要设防火装置,每逢 3、6、9 层设一临时消防栓。在施工期间严禁非施工人员进入工地,外单位来人要专人陪同。

(6) 外装饰用的施工吊篮,每次使用前检查安全装置的可靠性。

(7) 塔式起重机基座,升降机基础井字架地基必须坚实,雨期要做好排水导流工作,防止塔、架倾斜事故,悬挑的脚手架作业前必须仔细检查其牢固程度,限制施工荷载。

(8) 由专人负责与气象台站联系,及时了解天气变化情况,以便采取相应技术措施,防止发生事故。

(9) 以班组为单位,作业前举行安全例会,工地逢十召开由班组长参加的安全例会,分项工程施工时由安全员向班组长进行安全技术书面交底,提高职工的安全意识和自我防护能力。

2. 现场文明施工措施

(1) 以后勤组为主,组成施工现场平面布置管理小组。加强材料、半成品、机械堆放、管线布置、排水沟、场内运输通道和环境卫生等工作的协调与控制,发现问题及时处理。

(2) 以政工组为主,制订切实可行,行之有效的门卫制度和职工道德准则,对违纪违法和败坏企业形象的行为进行教育,并作出相应的处罚。

(3) 在基础工程施工时，结合工程排污设施，插入地面化粪池工程，主楼进入 3 层时，隔两层设置临时厕所，用 ϕ150 铸铁管引入地面化粪池，接市政排污井。

(4) 合理安排作业时间，限制晚间施工时间，避免因施工机械产生的噪声影响四周市民的休息，必要时采取一定的消声措施。白天工作时环境噪声控制在 55 分贝以下。

(5) 沿街围护隔离带（砖墙）用白灰粉刷，改变建筑工地外表面貌。

复习思考题

1. 简述安全生产的概念及基本原则。
2. 简述安全事故的处理方法。
3. 简述安全文明施工的基本内容。
4. 对物的不安全状态可采取哪些安全技术措施？
5. 建筑施工生产活动中的安全管理措施主要包括哪些方面？
6. 重大安全事故如何分类？如何处理？

单元 4 施工项目质量控制

知 识 点： 建筑工程质量的概念，影响工程质量的因素、防止措施和事故的处理。

教学目标： 通过教学使学生了解工程质量的含义，熟悉全面质量管理的基本方法，通过对影响工程质量因素的查找、控制和对工程质量实测实量和实际发生的质量事故来掌握质量评定和事故处理的方法。

课题 1 质 量 管 理 概 述

1.1 质 量 的 概 念

质量概念有狭义质量概念和广义质量概念之分，通常所说的质量概念是狭义的质量概念就是指产品的质量，而我们现代的质量是包含产品质量和工作质量二方面的广义质量概念。

1.1.1 产品质量概念

(1) 产品质量，通常所说的"好坏"就指是产品质量，这是人们习惯的理解，但不完善。目前对产品的质量有一个共同的理解：就是产品能够满足人们需要所应具备的特性。随着科学技术的不断发展，人们对产品需要的特性要求也越来越高，越来越丰富。最早，人们对产品质量的要求仅是性能，进一步发展到使用寿命，再进一步要求有安全性，后来又要求有可靠性，进而还要求有经济性。这就发展到今天对产品质量的"五性"要求，即：性能、寿命、安全、可靠、经济。

(2) 建筑工程（产品）质量亦具有特性，具体表现在以下几个方面：

1) 结构性能方面：工程结构布置合理，轴线、标高准确，基础施工缝处理符合规范要求，钢筋、型钢骨架用材恰当，几何尺寸能保持设计规定不变，强度、刚度、整体性好，抗震性能和结构的安全度，均能满足设计要求。

2) 外观方面：造型新颖、整洁、比例协调、美观、大方，给人以艺术享受。

3) 材质方面：材料的物理性能、化学成分、砂石级配和清洁度，成品、半成品的外观几何尺寸，以及耐酸、耐碱、耐火、隔热、隔声、耐冻、耐腐蚀性能都符合设计、规程、标准、规范的要求。

4) 时间方面：建筑物、构筑物的使用寿命返修（大修）年限符合设计要求。

5) 使用功能方面：布局合理，居住舒适，门窗逗榫紧密，框扇缝适宜，五金配件良好、开关灵活；屋面、楼面不漏水，外墙灰缝不浸水，上下水管不滴漏，烟囱不冒烟；阳台、厕所地面找坡正确，流水畅通；内外装饰材料不脱落，操作方便，管线安装正确，安全可靠等。

6) 经济使用方面质量好、造价低、维修费用省、生产效率高，使用过程中消耗少、节约能源、使用寿命延长等。

1.1.2 工作质量概念

(1) 工作质量,就是企业、部门和职工个人的工作,对工程(产品)达到和超过质量标准、减少不合格品、满足用户需要起到保证作用的程度。企业工作质量等于企业各个岗位上的所有人员工作效能的总和。

(2) 工作质量和产品(工程)质量是两个不同的概念,但是两者又有密切关系。产品(工程)质量取决于企业各方面的工作质量,它是各方面、各环节工作质量的综合反映。工作质量是产品(工程)质量的保证,产品(工程)质量是工作质量好坏的体现。要保证产品(工程)质量,绝不是就产品(工程)质量抓质量所能解决的,而是要求各部门、各个环节、每个人都要提供优等的工作质量。为此,在质量管理中,要以相当大的一部分精力放在工作质量上。

1.1.3 质量检验和评定

(1) 质量检验(在施工企业也称质量检查或质量验收)是由特定检查手段,将产品的作业状况实测结果,与要求的质量标准进行对比,对比后判定其是否达到合格标准,是否符合设计和下道工序的要求。也可以说,建安工程的整个质量检查过程,就是人们常说的质量检查评定工作。

(2) 工程质量检验评定,是决定每道工序是否符合质量要求,能否交付下一道工序继续施工,或者整个工程是否符合质量要求,能否交工等的技术业务活动。

(3) 质量检验评定的基本环节如图 4-1 所示。

1.1.4 施工企业质量管理的概念

(1) 施工企业质量管理的目的,就是为了建成经济、合理、适用、美观的工程。而建安工程的施工质量,又与勘察设计质量、辅助过程质量、检查质量和使用质量四个方面的质量紧密相关。

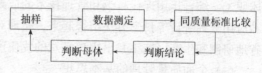

图 4-1 质量检验评定基本环节示意图

这几个方面能否统一,统一到什么程度,就看分担这些工作的有关部门、环节的职工的工作能否协调以及协调一致的程度。因此,质量管理就是用科学的方法把工程质量在形成过程中的各种矛盾统一起来,各种工作协调一致。

(2) 施工企业的质量管理就是以我为主,尽量做好各自的工作。充分发挥企业中的技术工作、管理工作、组织工作、后勤工作、政治工作等各方面的作用,采取各种有效的保证质量措施,把可能影响产品(工程)质量的因素,环节和部位,在整体工作中全面加以控制和消除,以达到按质、按量、按期完成计划,建造出用户满意的工程(产品)。

1.2 全面质量管理的基本概念

1.2.1 质量管理发展简史

国外质量管理发展的过程,大致是由质量检验阶段,进入统计质量管理,再进一步发展为全面质量管理,经历了三个阶段。

(1) 质量检验阶段(1920—1940年)。20世纪20年代初期,美国的泰罗总结了工业革命的经验,提出了生产要获得较大的成果,在企业内部必须把计划和执行这两个环节分开,为保证计划的如期执行,在两者之间必须设一个检查的环节,按照标准的规定,对产品进行检验，区分合格品和废品。从此产生了检验质量管理。这一管理方法的变革，为当时工业生产提供了合理化管理的思想，产品的质量有了基本的保证，对生产的发展起了推动作用。但是，这种质量检验管理方法纯属"事后检验"，其最大缺点是只能发现和剔除一些废品，而难以预防废品的产生。所以说，这种质量的管理办法，是一种功能很差的"事后验尸"的管理方法。

(2) 统计质量管理阶段（1940—1950 年）。1920 年前后，美国和英国开始将概率论和数量统计学应用于工业生产，出现了质量控制图与抽检法等统计质量管理方法，奠定了产品质量管理的科学基础。不过这一方法直到第二次世界大战，即 40 年代才得到广泛的应用。首先在美国运用数理统计方法来控制军用生产，做到事先发现和预防不良品的产生。这一阶段，除了注重检查外，还强调采用数理统计方法。质量管理便从单纯的"事后检验"发展到"预防为主"，预防与检验相结合的阶段。

(3) 全面质量管理阶段（从 20 世纪 60 年代起到现在）。在生产的迅速发展和科学技术的日新月异，对很多大型产品以及复杂系统的质量要求，特别是对安全、可靠性的要求更高了。人们发现，要达到产品的质量要求，单纯靠统计方法控制生产过程是很不够的，还需要有一个系统的组织管理工作。认识到管理落后与人对质量的影响是个关键问题。这就出现了全企业、全员、全过程实施质量管理，即全面质量管理。

1.2.2 全面质量管理简介

全面质量管理，是企业为了保证和提高产品质量而形成和运用的一套完整的质量管理活动体系，手段和方法，具体说，它就是根据提高产品（工程）质量的要求，充分发动全体职工，综合运用现代科学和管理技术的成果，把积极改善组织管理，研究革新专业技术和应用数理统计等科学方法结合起来，实现对生产（施工）全过程各因素的控制，多快好省地研制和生产（施工）出用户满意的优质产品（工程）的一套科学管理方法。

(1) 全面质量管理的基本思想

全面质量管理的基本思想是通过一定的组织措施和科学手段，来保证企业经营管理全过程的工作质量，以工作质量来保证产品（工程）质量，提高企业的经济效益和社会效益。

(2) 全面质量管理的基本观点

全面质量管理继承了质量检验和统计质量控制的理论和方法，并在深度和广度方面都将其向前发展一步，归纳起来具有以下基本观点：

1) 质量第一的观点

"质量第一"是建筑工程推行全面质量管理的思想基础。建筑工程质量的好坏，不仅关系到国民经济的发展及人民生命财产的安全，而且直接关系到施工企业的信誉、经济效益及生存和发展，因此，施工企业的全体职工必须牢固树立"百年大计、质量第一"的观点。

2) 用户至上的观点

"用户至上"是建筑工程推行全面质量管理的精髓。国内外多数企业把用户摆在至高无上的地位，把用户称为"上帝"、"神仙"，把企业同用户的关系，比作鱼和水、作物和土壤。我国的建筑企业是社会主义企业，其用户就是人民、国家和社会各个部门，坚持用户至上的观点，企业就会蓬勃发展，背离了这个观点，企业就会失去存在的必要。

现代企业质量管理"用户至上"的观点是广义的，它包括两个含义：一是直接或间接使用建筑工程的单位或个人；二是企业内部，在施工过程中上一道工序应对下一道工序负责，下一道工序则为上一道工序的用户。

3）预防为主的观点

工程质量是设计、制造出来的，而不是检验出来的。检验只能发现工程质量是否符合质量标准，但不能保证工程质量。在工程施工过程中，每个工序、每个分部、分项工程的质量，都会随时受到许多因素的影响，只要有一个因素发生变化，质量就会产生波动，不同程度的出现质量问题，全面质量管理强调将事后检验把关变为工序控制，从管质量结果变为管质量因素，防检结合，防患于未然。也就是在施工全过程中将影响质量的因素控制起来，发现质量波动就分析原因、制定对策，这就是"预防为主"的观点。

4）全面管理的观点

全面质量管理突出的是一个"全"字，即实行全员、全过程、全企业的管理。全员管理：就是施工企业的全体人员，包括各级领导、管理人员、技术人员、政工人员、生产工人、后勤人员等都要参加到质量管理中来，人人都要学习运用全面质量管理的理论和方法，明确自己在全面质量管理中的义务和责任，使工程质量管理有扎实的群众基础。全过程管理：就是把工程质量管理贯穿于工程的规划、设计、施工、使用的全过程，尤其在施工过程中要贯穿于每个单位工程、分部工程、分项工程、各施工工序。全企业管理：就是施工企业的各个部门都要参加质量管理，都要履行自己的职能，工程质量的优劣，涉及施工企业的各有关部门，施工企业的计划、生产、材料、设备、劳资、财务等各项的管理，与质量管理紧密相连，只有充分发挥自身的质量管理职能，全企业共同管理，才能保证工程的质量。

5）一切用数据说话的观点

数据是实行科学管理的依据，没有数据或数据不准确，质量就无从谈起。全面质量管理强调"一切用数据说话"，是因为它是以数理统计方法为基本手段，而数据是应用数理统计方法的基础，这是区别于传统管理方法的重要一点。它依靠实际的数据资料，运用数理统计的方法作出正确的判断，采取有力措施，进行质量管理。

6）通过实践，不断完善提高的观点

重视实践，坚持按照计划、实施、检查、处理的循环过程办事，经过一个循环后，对事物内在的客观规律就有进一步的认识，从而制定出新的质量管理计划与措施，使质量管理工作及工程质量不断提高。

(3) 全面质量管理基本工作方法

1）质量管理的四个阶段：全面质量管理的一个重要概念，就是要注意抓工作质量。任何工作除了做好协调一致工作外，还必须有一个应该遵循的工作程序和方法，要分阶段、分步骤地做到层次分明，有条不紊的科学管理，才能使工作更切合客观实际，避免盲目性，不断提高工作质量和工作效率。要按照图 4-2PDCA 循环示意图即计划、实施、检查、处理四个阶段的不断循环。

这个循环简称 PDCA 循环，又称"戴明环"。

第一阶段是计划（也叫 P 阶段），包括制订企业质量方针、目标、活动计划和实施管理要点等。

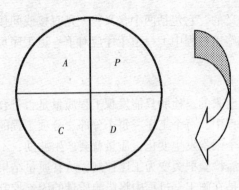

图 4-2 PDCA 循环

第二个阶段是实施（也叫 D 阶段），即按计划的要求去做。

第三个阶段是检查（也叫 C 阶段），即计划实施之后要进行检查，看看实施效果，做对的要巩固，错的要进一步找出问题。

第四个阶段是处理（也叫 A 阶段），把成功的经验加以肯定，形成标准，以后再干就按标准进行，没有解决的问题，反映到下期计划。

2）解决和改进问题的八个步骤，为了解决和改进质量问题，通常把 PDCA 循环进一步具体化为八个步骤：

A. 分析现状，找出存在的质量问题；

B. 分析产生质量问题的各种原因或影响因素；

C. 找出影响质量的主要因素；

D. 针对影响质量的主要因素，制定措施，提出行动计划，并预计效果；

E. 执行措施或计划；

F. 检查采取措施后的效果，并找出问题；

G. 总结经验，制订相应的标准或制度；

H. 提出尚未解决的问题。

以上 A、B、C、D 个步骤在计划（P）阶段，E 是实施阶段，F 是检查阶段，G、H 两个步骤就是处理阶段，如图 4-3。这八个步骤中，需要利用大量的数据和资料，才能作出科学的分析和判断，对症下药，真正解决问题。

3）质量管理的统计方法：在全面质量管理过程中，一个过程，四个阶段，八个步骤，是一个循序渐进的工作环，是一个逐步充实，逐步完善，逐步深入细致的科学管理方法。在整个过程中，每一个步骤都要用数据来说话，都要经过对数据进行整理、分析、判断来表达工程质量的真实状态，从而使质量管理工作更加系统化、图表化。目前常用的统计方法有：排列图法、因果分析图法、分层法、频数直方图（简称直方图）法，控制图（又称管理图）法、散布图（又称相关图）法和调查表（又称统计调查分析法）法等。施工质量管理应用较多的是排列图、因果分析图、直方图、管理图等。

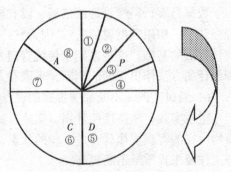

图 4-3 四个阶段与八个步骤循环关系示意图

(4) 全面质量保证体系

全面质量保证体系是以保证和提高工程质量为目标，运用系统的概念和方法，把企业各部门、各环节的质量管理职能和活动合理地组织起来，形成一个有明确任务、职责权限，又互相协调、互相促进的管理网络和有机整体，使质量管理制度化、标准化，从而生产出高质量的建筑产品。

工程实践证明，只有建立全面质量保证体系，并使其正常实施和运行，才能使建设单位、设计单位和施工单位，在风险、成本和利润三个方面达到最佳状态，我国的工程质量保证体系一般由思想保证、组织保证和工作保证三个子体系组成。

1）思想保证子体系

思想保证子体系就是参加工程建设的规划、勘测、设计和施工人员要有浓厚的质量意识，牢固树立"质量第一、用户第一"的思想，并全面掌握全面质量管理的基本思想、基本观点和基本方法，这是建立质量保证体系的前提和基础。

2）组织保证子体系

组织保证子体系就是工程建设质量管理的组织系统和工程形成过程中有关的组织机构系统。这个子体系要求管理系统各层次中的专业技术管理部门，都要有专职负责的职能机构和人员。在施工现场，施工企业要设置兼职或专职的质量检验与控制人员，担负起相应的质量保证职责，以形成质量管理网络；在施工过程中，建设单位委托建设监理单位进行工程质量的监督、检查和指导，以确保组织的落实和正常活动的开展。

3）工作保证子体系

工作保证子体系就是参与工程建设规划、设计、施工的各部门、各环节、各质量形成过程的工作质量的综合。这个子体系若以工程产品形成过程来划分，可分为勘测设计过程质量保证子体系、施工过程质量保证子体系、辅助生产过程质量保证子体系、使用过程质量保证子体系等。

勘测设计过程质量保证子体系是工作保证子体系的重要组成部分，它和施工过程质量保证子体系一样，直接影响着工程形成的质量。这两者相比，施工过程质量保证子体系又是其核心和基础，是构成工作保证子体系的主要子体系，它又由"质量把关——质量检验"和"质量预防——工序管理"两个方面组成。

1.3 ISO 质量认证体系

ISO（国际标准化组织）是由各国标准化团体组成的世界性的联合会。

ISO9000 族和 ISO14000 族标准是 ISO 颁布的关于质量管理和环境管理方面的系列标准，其质量认证原理被世界贸易组织普遍接受。1994 年我国宣布等同采用。根据我国法律规定和国务院赋予的职能，国家质量技术监督局依法统一管理我国质量认证工作。

1.3.1 ISO 的发展

产品质量认证制度是商品经济发展的产物，随着商品经济的不断扩大和日益国际化，为提高产品信誉，减少重复检验，削弱和消除贸易技术壁垒，维护生产者、经销者、用户和消费者各方权益，产生了第三方认证，这种认证不受产销双方经济利益支配，以公正、科学的工作逐步树立了权威和信誉，现已成为各国对产品和企业进行质量评价和监督的通行做法。

英国是开展质量认证最早的国家，早在 1903 年英国工程标准委员会用一种"风筝标志"，即表示符合尺寸标准的铁道钢轨，1919 年英国政府制定了商标法，规定要对商品执行检验，合格产品也佩以"风筝标志"，从此，这种标志开始具有"认证"的含义，沿用至今在国际上享有很高的声誉。

受英国的影响，世界各发达工业国家也争先采用质量认证制度，并给予了极大的注意力，国际标准化组织（ISO）为此于1980年成立专业技术委员会ISO/TC176，该委员会经过7年的艰苦努力，于1987年正式发布了第一部管理标准——ISO9000质量管理和质量保证系列标准，它适用于不同的企业，包括制造业、服务行业、商业、建筑业等。因而，它的出现极大的促进了各国质量认证的发展，目前国际标准化组织的104个成员国中有70多个国家包括欧共体、美国、加拿大、澳大利亚、日本等几乎所有工业发达国家均等同采用ISO9000系列标准作为本国国家标准，各国企业也纷纷依据这种标准，调整作业运行机制，并且获得认证资格。

近年来，由于ISO9000系列标准的作用及其重要性被愈来愈多的人所认识，ISO9000系列标准的应用范围随之日益扩大，ISO谋求促进各单位和公司以更为有效的方法管理其各项服务活动的质量，以确保顾客规定或隐含的需要得到理解和满足。

所有这些表明，在国际贸易中，要求提供按ISO9000系列标准通过质量体系认证的证明，作为签订合同的一个条件，这已是一个趋势，每个企业应顺应国际贸易的趋势。

1.3.2 ISO在我国的发展

改革开放以来，我国开始实行有计划的商品经济，国内市场和国际贸易都得到迅速发展，但由于我国没有建立符合国际惯例的认证制度，我们自己搞的一些产品监督形式得不到国际上的承认。在国际贸易中面临着在经济上蒙受损失和受到设置技术壁垒的限制，我国的工业企业，由于不了解各国认证制度的要求，许多出口商品打不进国际市场，即使进入，其价格也远远低于所在国通过认证的产品。一些了解认证的企业每年也不得不花费大量外汇去申请国外认证和由国外认证机构出具检验报告。所以，建立我国的认证制度，开展产品质量认证和体系认证工作，是我国质量认证工作的当务之急，是最终消除我国与其他国家之间存在的技术壁垒的根本途径。

我国从1991年起正式开展认证工作。1991年5月，国务院颁发了《中华人民共和国产品认证管理条例》，标志着我国产品质量认证工作走入法制轨道。1993年1月1日，我国正式由等效采用改为等同采用ISO9000系列标准，建立了符合国际惯例的认证制度，我国质量认证工作取得常足的发展。对我国企业而言，通过公正独立的第三方认证获得质量认证证书，是产品质量信得过的证明，是产品、服务进入国际市场的通行证，企业获得认证证书后，将向国内外公告。

1.3.3 进行ISO质量认证可以带来以下益处

1) 提供满足顾客一般或特定需要的产品或服务，开拓占领市场，充分利用非价格因素提高竞争力。

2) 扩大销售渠道和销售量，实现优质优价，获得更大利润。

3) 有助于树立全球经济意识，提高企业事业单位发展战略的基点，抓住机遇，赢得未来，这符合时代的选择、民族的利益。

4) 促进建立体系化的、严谨的经营管理模式，优化组织结构，完善经营管理，建立减少、消除、特别是预防质量缺陷的机制。

5) 带动服务和产品的结构调整，推动技术改造，增强自身实力。

6) 表明尊重消费者和对社会责任，提高企业、产品和服务的信誉，树立良好的企业形象。

7) 打破国际贸易中的技术壁垒，进入国际市场，扩大出口。

8）有助于形成名牌，维护部分企事业单位的合法权益。
9）避免重复抽查和检验，节省用于检验的时间、人力、物力和财力。

课题2 施工质量控制

2.1 影响工程质量的因素

影响工程质量的因素很多，但归纳起来主要有五个方面，即人（Man）、材料（Material）、机械（Machine）、方法（Method）和环境（Environment），简称为5M因素。

2.1.1 人员素质

人是生产经营活动的主体，也是工程项目建设的决策者、管理者、操作者，工程建设的全过程，如项目的规划、决策、勘察、设计和施工，都是通过人来完成的。人员的素质，即人的文化水平、技术水平、决策能力、管理能力、组织能力、作业能力、控制能力、身体素质及职业道德等，都将直接和间接地对规划、决策、勘察、设计和施工的质量产生影响，而规划是否合理、决策是否正确、设计是否符合所需要的质量功能、施工能否满足合同、规范、技术标准的要求等，都将对工程质量产生不同程度的影响，所以人员素质是影响工程质量的一个重要因素。因此，建筑行业实行经营资质管理和各类专业从业人员持证上岗制度是保证人员素质的重要管理措施。

2.1.2 工程材料

工程材料泛指构成工程实体的各类建筑材料、构配件、半成品等，它是工程建设的物质条件，是工程质量的基础。工程材料选用是否合理、产品是否合格、材质是否经过检验、保管使用是否得当等等，都将直接影响建设工程的结构刚度和强度，影响工程外表及观感，影响工程的使用功能，影响工程的使用安全。

2.1.3 机械设备

机械设备可分为两类：一是指组成工程实体及配套的工艺设备和各类机具，如电梯、电动机、通风设备等，它们构成了建筑设备安装工程或工业设备安装工程，形成完整的使用功能。二是指施工过程中使用的各类机具设备，包括大型垂直与水平运输设备、各类操作工具、各种施工安全设施、各类测量仪器和计量器具等，简称施工机具设备，它们是施工生产的手段。机具设备对工程质量也有重要的影响。工程用机具设备其产品质量优劣，直接影响工程使用功能质量。施工机具设备的类型是否符合工程施工特点，性能是否先进稳定，操作是否方便安全等，都将会影响工程项目的质量。

2.1.4 工艺方法

工艺方法是指施工现场采用的施工方案，包括技术方案和组织方案。前者如施工工艺和作业方法，后者如施工区段空间划分及施工流向顺序、劳动组织等。在工程施工中，施工方案是否合理，施工工艺是否先进，施工操作是否正确，都将对工程质量产生重大的影响。大力推广采用新技术、新工艺、新方法，不断提高工艺技术水平，是保证工程质量稳定提高的重要因素。

2.1.5 环境条件

环境条件是指对工程质量特性起重要作用的环境因素，包括：工程技术环境，如工程地质、水文、气象等；工程作业环境，如施工环境作业面大小、防护设施、通风照明和通讯条件等；工程管理环境，主要指工程实施的合同结构与管理关系的确定，组织体制及管理制度等；周边环境，如工程邻近的地下管线、建（构）筑物等。环境条件往往对工程质量产生特定的影响。加强环境管理，改进作业条件，把握好技术环境，辅以必要的措施，是控制环境对质量影响的重要保证。

2.2 施工质量的控制目标

工程施工质量的目标就是达到施工图及施工合同所规定的要求，并满足国家相关的法律法规。

施工质量控制目标的分解（图4-4）

工程施工质量控制就是对施工质量形成的全过程跟踪，进行监督、检查、检验和验收的总称。通常工程质量控制目标可分解为工作质量控制目标、工序质量控制目标和产品质量控制目标。

在一般情况下，工作质量决定工序质量，而工序质量决定产品的质量。因此必须通过提高工作质量来保证和提高工序质量，从而达到所要求的产品质量。

工程项目质量实质是在工程项目施工过程中形成的产品质量达到项目的设计要求及《建筑工程施工质量验收统一标准》和相关专业施工质量验收规范的要求的程度。因此项目施工质量控制，就是在施工过程中，采取必要的技术和管理手段，切实保证最终建筑安装工程质量。

2.3 施工质量控制的依据

施工阶段进行施工质量控制的依据可以分成共同性依据和技术法规性依据二类。

2.3.1 共同性依据

（1）工程承包合同文件；
（2）设计文件；

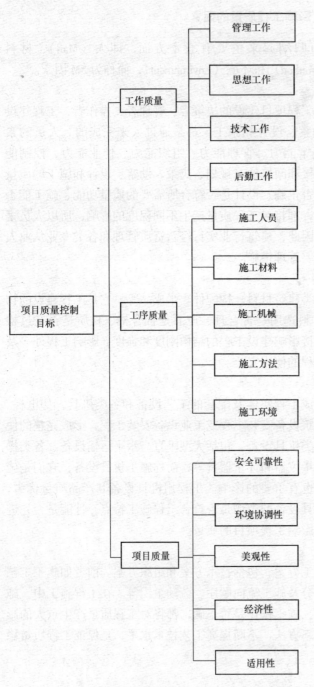

图4-4 项目质量控制目标分解图

(3) 国家及有关部门颁布的有关质量的法律和法规性文件。

2.3.2 技术法规性文件

(1) 施工质量验收标准；
(2) 原材料、构配件质量方面的技术法规性依据；
(3) 施工工序质量方面的技术法规性依据；
(4) 采用"四新"技术的质量政策性规定。

2.4 施工质量控制的程序

在施工阶段进行建筑产品生产的全过程中，要对产品施工生产进行全过程、全方位的监督、检查与控制，它与工程竣工验收不同，它不是对最终产品的检查、验收，而是对生产中各环节或中间产品进行监督、检查和验收。这种全过程、全方位的中间性的质量管理一般程序简要框架图如图4-5所示。

在每项工程开始前，施工单位均须做好施工准备工作，并附上该项工程的施工计划以及相应的工作顺序安排、人员及机械设备配置、材料准备情况等，报送工程师审查。

在施工过程中，监理工程师应监督施工单位加强内部质量管理，严格质量控制。每道工序均应按规定工艺和技术要求进行施工。在每道工序完成后，施工单位应进行自检，自检合格后，填报《质量验收通知单》交监理工程师请求检验，检验合格后签发《质量验收单》予以确认。

按上述程序逐道工序反复重复上述过程，经过若干道工序均被确认合格后，最后当一个分项工程或分部工程完工后，施工单位即可提交《中间（或中期）交工证书》作为中间（中期）交工检验的申请。经监理人员检验工程质量合格后，监理工程师即可签发《中间交工证书》予以中间验收和确认。

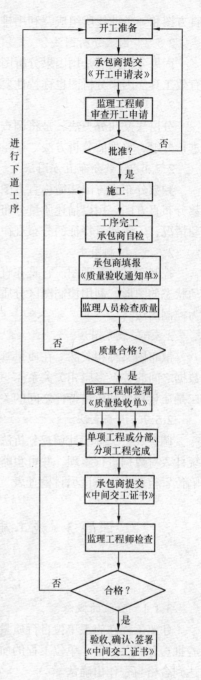

图4-5 施工质量控制程序

2.5 施工质量控制常用的统计方法

目前常用的统计方法有：排列图法，因果分析图法、分层法、频数直方图（简称直方图）法、控制图（又称管理图）法、散布图（又称相关图）法和调查表（又称统计调查分析法）法等。施工质量管理应用较多的是排列图、因果分析图、直方图、管理图等。

2.5.1 排列图法

排列图法又称主次因素分析图或称巴列特图，它是由两个纵坐标、一个横坐标、几个直方图和一条曲线所组成，利用排列图寻找影响质量主次因素的方法叫排列图法。

2.5.2 因果分析图法

因果分析图法是用因果分析图来整理分析质量问题（结果）与其产生原因之间关系的有效工具。因果分析图也称特性要因图，又因其形状常被称为树枝图或鱼刺图。

2.5.3 分层法

分层法又叫分类法，是将调查搜集的原始数据，根据不同的目的和要求，按某一性质进行分组、整理的分析方法。

2.5.4 频数分布直方图法

频数分布直方图法简称直方图法。它是将搜集到的质量数据进行分组整理，绘制成频数分布直方图，用以描述质量分布状态的一种分析方法。根据直方图可掌握产品质量的波动情况，了解质量特征的分布规律，以便对质量状况进行分析判断。

2.5.5 控制图法

控制图又称管理图。它是在直角坐标系内画有控制界限，描述生产过程中产品质量波动状态的图形。利用控制图区分质量波动原因，判断生产工序是否处于稳定状态的方法称为控制图法。

2.5.6 散布图法

散布图又称相关图。在质量管理中它是用来显示两种质量数据之间的一种图形。质量数据之间的关系多属相关关系。一般有三种类型：一是质量特性和影响因素之间的关系；二是质量特性和质量特性之间的关系；三是影响因素和影响因素之间的关系。

2.5.7 调查表法

调查表法又称统计调查分析法、检查表法，是收集和整理数据用的统计表，利用这些统计表对数据进行整理，并可粗略地进行原因分析。常用的检查表有工序分布检查表、缺陷位置检查表、不良项目检查表、不良原因检查表等。

课题3 施工质量验收、保修和质量事故处理

3.1 施工质量验收的概念

3.1.1 验收的概念

建筑工程在施工单位自行质量检查评定的基础上，参与建设活动的有关单位共同对检验批、分项、分部、单位工程的质量进行抽样复验，根据相关标准以书面形式对工程质量达到合格与否作出确认。

(1) 工程质量检查

质量检查是依据质量标准和设计要求，采用一定的测试手段，对施工过程及施工成果进行检查，使不合格的工程不准交工，以起到把关的作用。因为建筑产品（建筑物、构筑物）是通过一道道工序不同工种的交叉作业逐渐形成分项、分部工程，最后完成，而操作者和操作地点在工程上不停地变动。对工程施工中的质量及时进行检查，发现问题立刻纠正，才能达到改善、提高质量的目的。

(2) 建筑工程质量控制

1）建筑工程采用的主要材料、半成品、成品、建筑构配件、器具和设备应进行现场验收。凡涉及安全、功能的有关产品，应按各专业工程质量验收规范规定进行复验，并应经监理工程师（建设单位技术负责人）检查认可。

2）各工序应按施工技术标准进行质量控制，每道工序完成后，应进行检查。

3）相关各专业工种之间，应进行交接检验，并形成记录。经监理工程师（建设单位技术负责人）检查认可。

3.1.2 建筑工程施工质量应按下列要求进行验收

(1) 建筑工程质量应符合《建筑工程施工质量验收统一标准》和相关专业验收规范的规定。

(2) 建筑工程施工应符合工程勘察、设计文件的要求。

(3) 参加工程施工质量验收的各方人员应具备规定的资格。

(4) 工程质量的验收均应在施工单位自行检查评定的基础上进行。

(5) 隐蔽工程在隐蔽前应由施工单位通知有关单位进行验收，并应形成验收文件。

(6) 涉及结构安全的试块、试件以及有关材料，应按规定进行见证取样检测。

(7) 检验批的质量应按主控项目和一般项目验收。

(8) 对涉及结构安全和使用功能的重要分部工程应进行抽样检测。

(9) 承担见证取样检测及有关结构安全检测的单位应具有相应资质。

(10) 工程的观感质量应由验收人员通过现场检查，并应共同确认。

3.1.3 当建筑工程质量不符合质量要求的处理方法：

当建筑工程质量不符合要求时，应按下列规定进行处理：

(1) 经返工重做或更换器具、设备的检验批，应重新进行验收。

(2) 经有资质的检测单位检测鉴定能够达到设计要求的检验批，应予以验收。

(3) 经有资质的检测单位检测鉴定达不到设计要求、但经原设计单位核算认可能够满足结构安全和使用功能的检验批，可予以验收。

(4) 经返修或加固处理的分项、分部工程，虽然改变外形尺寸但仍能满足安全使用要求，可按技术处理方案和协商文件进行验收。

(5) 通过返修或加固处理仍不能满足安全使用要求的分部工程、单位（子单位）工程，严禁验收。

建筑工程质量等级划分为合格与不合格。合格的给予验收，不合格的不予验收。参加验收的单位有建设单位、勘测单位、设计单位、监理单位、施工单位和质量监督部门，前五家单位参与质量合格与否的评定，后者只对评定的程序、方法的合法性与否作评价，但有建议和保留意见的权利。

3.2 房屋建筑工程质量保修

根据我国《房屋建筑工程质量保修办法》的相关规定进行保修。

3.2.1 房屋建筑工程质量保修

房屋建筑工程质量保修是指对房屋建筑工程竣工验收后在保修期限内出现的质量缺陷，予以修复。这里所讲的质量缺陷，是指房屋建筑工程的质量不符合工程建设标准以及合同的约定。房屋建筑工程在保修范围和保修期限内出现质量缺陷，施工单位应当履行保修义务。

国务院建设行政主管部门负责全国房屋建筑工程质量保修的监督管理。县级以上地方人民政府建设行政主管部门负责本行政区域内房屋建筑工程质量保修的监督管理。

建设单位和施工单位应当在工程质量保修书中约定保修范围、保修期限和保修责任等，双方约定的保修范围、保修期限必须符合国家有关规定。

3.2.2 在正常使用下，房屋建筑工程的最低保修期限

(1) 地基基础和主体结构工程，为设计文件规定的该工程的合理使用年限；
(2) 屋面防水工程、有防水要求的卫生间、房间和外墙面的防渗漏，为5年；
(3) 供热与供冷系统，为2个采暖期、供冷期；
(4) 电气系统、给排水管道、设备安装为2年；
(5) 装修工程为2年；
(6) 其他项目的保修期限由建设单位和施工单位约定。

房屋建筑工程保修期从工程竣工验收合格之日起计算。

3.3 施工质量事故处理

3.3.1 质量事故的分类

工程质量事故可分为重大质量事故和一般质量事故两类，同安全事故分类。详见单元3课题3的安全事故分类。

3.3.2 质量事故的处理

质量事故的处理方法和程序也基本类似。当建筑工程质量不符合要求时，可以按下列规定进行处理：

(1) 经返工重做或更换器具、设备的检验批，应重新进行验收。
(2) 经有资质的检测单位检测鉴定能够达到设计要求的检验批，应予以验收。
(3) 经有资质的检测单位检测鉴定达不到设计要求、但经原设计单位核算认可能够满足结构安全和使用功能的检验批，可予以验收。
(4) 经返修或加固处理的分项、分部工程，虽然改变外形尺寸但仍能满足安全使用要求，可按技术处理方案和协商文件进行验收。
(5) 通过返修或加固处理仍不能满足安全使用要求的分部工程、单位（子单位）工程，严禁验收。

实 训 课 题

实训1. 参观施工现场，找出地基与基础、主体和装修等部位的影响质量的因素，制定防范措施，并对一到二个分部和三个分项工程进行质量评定。通过实际发生的质量事故案例，讲解事故的原因和处理的经验教训。

实训2. 根据下面实际工程的质量措施，对照当地的施工工程找出其不足。

背景资料：详见单元2实训课题5。

(1) 雨期、冬期施工措施

工程所在地年降水总量达1223.9mm，日最大暴雨量达189.3mm，时最大暴雨量达59.2mm，冬季平均温度≤+5℃，延续时间达55天。为此设气象预报情报人员一名，与

气象台站建立正常联系，作好季节性施工的参谋。

　　1）雨期施工措施

　　A. 施工现场按规划作好排水管沟工程，及时排除地面雨水。

　　B. 地下室土方开挖时按规划作好地下集水设施，配备排水机械和管道，引水入市政排水井，保证地下室土方开挖和地下室防水混凝土正常施工。

　　C. 备置一定数量的覆盖物品，保证尚未终凝的混凝土被雨水冲淋。

　　D. 作好塔吊、井架、电机等的接地接零及防雷装置。

　　E. 作好脚手架、通道的防滑工作。

　　2）冬期施工措施

　　根据本工程进度计划，部分主体结构屋面工程和外墙装修期间将进入冬期施工阶段。

　　A. 主体、屋面工程—掌握气象变化趋势抓住有利的时机进行施工。

　　B. 钢筋焊接应在室内避雨雪进行，焊后的接头严禁立刻碰到水、冰、雪。

　　C. 闪光对焊、电渣压力焊应及时调整焊接参数，接头的焊渣应延缓数分钟后打渣。

　　D. 搅拌混凝土禁止用有雪或冰块的水拌合。

　　E. 掺入既防冻又有早强作用的外加剂，如硝酸钙等。

　　F. 预备一定量的早强型水泥和保温覆盖材料。

　　G. 外墙抹灰采用冷作业法，在砂浆中掺入亚硝酸钠或漂白粉等化学附加剂。

　　(2) 工程质量保证措施

　　1）加强技术管理，认真贯彻各项技术管理制度；落实好各级人员岗位责任制，做好技术交底，认真检查执行情况；积极开展全面质量管理活动，认真进行工程质量检验和评定，做好技术档案管理工作。

　　2）认真进行原材料检验。进场钢材、水泥、砌块、混凝土、预制板、焊条等建筑材料，必须提供质量保证书或出厂合格证，并按规定做好抽样检验；各种强度等级的混凝土，要认真做好配合比试验；施工中按规定制作混凝土试块。

　　3）加强材料管理。建立工、料消耗台账，实行"当日领料、当日记载、月底结账"制度；对高级装饰材料，实行"专人检验、专人保管、限额领料、按时结算"制度；未经检验，不得用于工程。

　　4）对外加工材料、外分包工程，认真贯彻质量检验制度，进行质量监督，发现问题及时整改，实行质量奖罚措施。

　　5）严格控制主楼的标高和垂直度，控制各分部分项工程的操作工艺，结束后必须经班组长和质量检验人员验收达到预定质量目标签字后，方准进行下道工序施工，并计算工作量，实行分部分项工程质量等级与经济分配挂钩制度。

　　6）加强工种间配合与衔接。在土建工程施工时，水、卫、电、暖等工程应与其密切配合，设专人检查预留孔、预埋件等位置尺寸，逐层跟上，不得遗漏。

　　7）装饰：高级装修面料或进口材料应按施工进度提前两个月进场，以便分类挑选和材质检验。

　　8）采用混凝土真空吸水设备，混凝土楼面抹光机，新型模板支撑体系及预埋管道预留孔堵灌新技术、新工艺。

复习思考题

1. 广义的质量概念包括那几个方面?
2. 工程质量具体从哪几个方面去评价?
3. 全面质量的基本思想是什么?
4. 全面质量的基本观点有哪些?"用户"的概念是什么?
5. 全面质量管理中的"PDCA"是什么意思?
6. ISO 的作用是什么?
7. 进行质量控制的依据是什么?
8. 质量控制常用哪几种统计方法,各有什么特点?

单元5 施工项目进度控制

知 识 点：施工进度计划的编制及施工进度控制的内容。

教学目标：要求学生了解施工进度控制的概念；了解影响施工进度的主要因素；了解施工进度计划的表达方式；初步掌握施工进度计划的编制方法和步骤；了解施工进度控制的程序；掌握施工进度的检查及调整方法。

课题1 施工项目进度控制的概述

1.1 施工项目进度控制的概念

施工项目进度控制是施工项目建设中与施工项目质量控制、施工项目成本控制并列的三大目标之一，是保证施工项目按期完成，合理安排资源供应，确保施工质量、施工安全、降低施工成本的重要措施，是衡量施工项目管理水平的重要标志。

施工项目进度控制是指在既定的工期内，编制出最优的施工进度计划并付诸实施，在施工进度计划实施过程中，经常检查施工实际进度情况，并与计划进度进行比较，对出现的偏差分析原因和对整个工期的影响程度，采取必要的补救措施或调整、修改原计划后再付诸实施，不断地如此循环，直至工程竣工验收交付使用。

1.2 影响施工进度的因素

由于施工项目本身具有建造和使用地点固定、规模庞大、工程结构复杂多样、综合性强等特点，以及施工生产过程中具有生产流动、施工工期长、露天作业多、高空作业多、手工作业多、相关单位多、施工管理难度大等特点，从而决定了施工项目的施工进度将受到许多因素的影响。为了有效地进行施工项目的施工进度控制，就必须对影响施工项目施工进度的多种因素进行全面、细致的分析，事先采取预防措施，尽可能地缩小计划进度与实际进度的偏差，使施工进度尽可能地按计划进行，从而实现对施工项目施工进度的主动控制和动态控制。在施工项目施工过程中，影响施工项目施工进度的因素有很多，主要影响因素有：

1.2.1 业主因素

如因业主的决策改变或失误而进行设计变更；提供的施工现场条件（如临时供水、临时供电等）不能满足施工的正常需要；没有按合同条款向施工承包单位拨付工程进度款；业主直接发包的分包单位配合不到位；业主有关人员工作责任性差，协调不力等。

1.2.2 勘察设计因素

如地质勘察资料不正确，与施工现场工程地质不相符，发生错误或遗漏；设计内容不完善，规范的应用错误或不恰当，设计质量较差；设计对施工的可能性未考虑或考虑不周全；施工图纸供应不及时、不配套；设计更改联系单供应不及时；设计单位服务差等。

1.2.3 施工技术因素

如施工过程中采用的施工工艺错误或不成熟；采用不合理的施工技术方案；采用的施工安全措施不当或错误；对应用新技术、新材料、新工艺缺乏施工经验等。

1.2.4 自然环境因素

如复杂的工程地质条件；不明的水文气象条件；施工过程中工程地质条件和水文地质条件与工程勘察不相符等。

1.2.5 社会环境因素

如节假日交通、市容整顿限制；临时的停水、停电；地方性部门规定的限制等。

1.2.6 施工组织管理因素

如向有关部门提出各种申请审批手续拖延；计划安排不周密，组织管理协调不力，导致停工待料；领导不力，指挥失当，使参加工程施工的各个施工单位、各专业工种、各个施工过程之间交接配合上发生矛盾；施工组织不合理，施工平面布置的不合理等。

1.2.7 材料、设备因素

如材料供应环节发生差错，不能按质、按量、适时、适地、成套齐全地保证供应，无法满足连续施工的需要；特殊材料、新材料的不合理使用；施工机械设备供应不配套，选型失当，安装错误，带病运转，效率低下等。

1.3 施工进度控制的目的

对施工项目施工进度控制必须实行动态控制，是一个动态的管理过程，它包括进度目标的分析和论证，编制施工项目施工进度计划和对进度计划的跟踪检查与调整。进度目标分析和论证的目的是论证进度目标是否合理，进度目标是否可能实现。如果经过科学的论证，目标是不可能实现的或很轻松就可以实现，就必须对进度目标进行调整。进度计划的跟踪检查与调整包括定期跟踪检查所编制的施工进度计划执行情况，若其执行存在偏差，就必须采取必要的补救措施或调整、修改原计划。所以，我们不仅要重视进度计划的编制，更要重视对进度计划进行必要的调整，否则施工进度就无法得到控制。综上所述，我们进行施工项目进度控制的目的就是通过控制以实现工程的进度目标。

课题2 施工进度计划

2.1 施工进度计划的表达方式

施工项目施工进度计划是在既定施工方案的基础上，根据规定工期和各种资源供应条件，按照施工过程合理的施工顺序，用图表形式，对施工项目各施工过程作出时间和空间上的计划安排。并以此为依据，确定施工作业所必需的劳动力、材料和施工机具的供应计划。

施工项目施工进度计划表达方式有多种，常用的有横道图和网络图两种表达方式。

2.1.1 横道图计划

横道图也称甘特图，是美国人甘特（Gantt）在20世纪20年代提出的。横道图中的进度线（横道线）与时间坐标相对应，表示方式形象、直观，且易于编制和理解，因而，长期以来被广泛应用于施工项目进度控制之中，见表 5-1。

施 工 进 度 计 划　　　　　　　　表 5-1

序号	施工过程名称	工程量		施工定额	需用劳动量		需用机械台班量		每天工作班制	每班安排工人数或机械台数	工作天数（天）	施 工 进 度													
												月							月						
		单位	数量		工种名称	数量（工日）	机械名称	数量（台班）				1	2	3	4	5	6	…	1	2	3	4	5	6	…

表 5-1 一般由两个基本部分组成，即左边部分是施工过程名称、工程量、施工定额、劳动量或机械台班量、每天工作班次、每班安排的工人数或机械台数及工作时间等计算数据；右边部分是进度线（横道线），表示施工过程的起讫时间、延续时间及相互搭接关系，以及整个施工项目的开工时间、完工时间和总工期。

利用横道图表示进度计划，有很大的优点，也存在下列缺点：

(1) 施工过程中的逻辑关系可以设法表达，但不易表达清楚，因而在计划执行中，当某些施工过程的进度由于某种原因提前或拖延时，不便于分析其对其他施工过程及总工期的影响程度，不利于施工项目进度的动态控制。

(2) 不能明确地反映进度计划影响工期的关键工作和关键线路，也就无法反映出整个施工项目的关键所在，因而不便于施工进度控制人员抓住主要矛盾。

(3) 不能反映出各项工作所具有的机动时间（时差），看不到施工进度计划潜力所在，无法进行最合理的组织和指挥。

(4) 不能反映施工费用与工期之间的关系，因而不便于缩短工期和降低施工项目成本。

(5) 不能应用电子计算机进行计算，适用于手工编制施工进度计划，计划的调整优化也只能用手工方式进行，因而工作量较大。

由于横道图计划存在以上不足，给施工项目进度控制工作带来了很大不便。即使进度控制人员在进度计划编制时已充分考虑了各方面的问题，在横道图计划上也不能全面地反映出来，特别是当工程项目规模较大、工程结构及工艺关系较复杂时，横道图计划就很难充分地表达出来。由此可见，横道图计划虽然被广泛应用于施工项目进度控制中，但也有较大的局限性。

2.1.2　网络图计划

网络计划方法的基本原理：首先绘制施工项目施工网络图，表达计划中各工作先后顺序的逻辑关系；然后通过各时间参数的计算找出关键工作及关键线路；继而通过不断改进网络计划，寻求最优方案，并付诸实施；最后在执行过程中进行有效的控制和监督。

施工进度计划用网络计划来表示，可以使施工项目进度得到有效控制。国内外实践证明，网络计划技术是用来控制施工项目进度的最有效工具。

利用网络计划控制施工项目进度，可以弥补横道图计划的许多不足。与横道图计划相比，网络计划具有以下主要特点：

(1) 网络计划能够明确表达各项工作之间相互依赖、相互制约的逻辑关系。

所谓逻辑关系，是指各项工作之间客观上存在和主观上安排的先后顺序关系。包含两类，一类是工艺关系，即由施工工艺和操作规程所决定的各项工作之间客观上存在的先后顺序关系，称为工艺逻辑；另一类是组织关系，即在施工组织安排中，考虑劳动力、材料、施工机具或施工工期影响，在各项工作之间主观上安排的先后顺序关系，称为组织逻辑。网络计划能够明确地表达各项工作之间的逻辑关系；对于分析各项工作之间的相互影响及处理它们之间的协作关系，具有非常重要的意义，同时也是网络计划比横道图计划先进的主要特征。

(2) 通过网络计划各时间参数的计算，可以找出关键工作和关键线路。

通过网络计划各时间参数的计算，能够明确网络计划中的关键工作和关键线路，能反映出整个施工项目的关键所在，也就明确了施工进度控制中的重点，便于施工进度控制人员抓住主要矛盾，这对提高施工项目进度控制的效果具有非常重要的意义。

(3) 通过网络计划各时间参数的计算，可以明确各项工作的机动时间。

所谓工作的机动时间，是指在执行进度计划时除完成任务所必需的时间外，尚剩余的可供利用的富裕时间，亦称为"时差"。在一般情况下，除关键工作外，其他各项工作（非关键工作）均有富余时间，这种富余时间可视为一种"潜力"，既可以用来支援关键工作，也可以用来优化网络计划，降低单位时间资源需求量。

(4) 网络计划可以利用电子计算机进行计算、优化和调整。

对进度计划进行计算、优化和调整是施工项目进度控制工作中的一项重要内容。由于影响施工进度的因素有很多，仅靠手工对施工进度计划进行计算、优化和调整是非常困难的，只有利用电子计算机对施工进度计划进行计算、优化和调整，才能适应施工实际变化的要求，网络计划就能做到这一点，因而网络计划成为控制施工项目进度最有效工具。

以上几点是网络计划的优点，与横道图计划相比，它不够形象、直观，不易编制和理解。

2.2 施工进度计划的编制

编制施工项目施工进度计划是在满足合同工期要求的情况下，对选定的施工方案、资源的供应情况、协作单位配合施工情况等所作的综合研究和周密部署。其具体编制方法和步骤如下：

2.2.1 划分施工过程

编制施工进度计划时，首先按照施工图纸划分施工过程，并结合施工方法、施工条件、劳动组织等因素，加以适当整理，再进行有关内容的计算和设计。施工过程划分应考虑下述要求：

(1) 施工过程划分的粗细程度的要求

对于控制性施工进度计划，其施工过程的划分可以粗一些，一般可按分部工程划分施工过程。如：开工前准备、地基与基础工程、主体结构工程、集中屋面及建筑装修、装修工程等。对于指导性施工进度计划，其施工过程的划分应细一些，要求每个分部工程所包括的主要分项工程均应一一列出，起到指导施工的作用。

(2) 对施工过程进行适当合作，达到简明清晰的要求

施工过程划分太细，施工进度图表就会显得繁杂，重点不突出，反而失去指导施工的意义，并且增加编制施工进度计划的难度。因此，为了使得计划简明清晰，突出重点，一些次要的施工过程应合并到主要施工过程中去，如基础防潮层可合并到基础施工过程内；有些虽然重要但工程量不大的施工过程也可与相邻的施工过程合并，如挖土可与垫层施工合并为一项，组织混合班组施工；同一时期由同一工种施工的施工内容也可以合并在一起，如墙体砌筑，不分内墙、外墙、隔墙等，而合并为墙体砌筑一项。

(3) 施工过程划分的工艺性要求

现浇钢筋混凝土工程施工，一般可分为支模、绑扎钢筋、浇筑混凝土等施工过程，是合并还是分别列项，应视工程施工组织、工程量、结构性质等因素考虑确定。一般现浇钢筋混凝土框剪结构的施工应分别列项，可分为：绑扎柱、墙钢筋，安装柱、墙模板，浇捣柱、墙混凝土，安装梁、板模板，绑扎梁、板钢筋，浇捣梁、板混凝土等施工过程。但在现浇钢筋混凝土工程量不大的工程对象中，一般不再细分，可合并为一项，如砌体结构工程中的现浇雨篷、圈梁、楼板、构造柱等，即可列为一项，由施工班组的各工种互相配合施工。

装修工程中的外装修可能有若干种装修做法，划分施工过程时，一般合并为一项，但也可分别列项。内装修中应按楼地面、顶棚及墙面抹灰、楼梯间及踏步抹灰等分别列项，以便组织施工和安排进度。

施工过程的划分，还应考虑已选定的施工方案。如在装配式单层工业厂房基础工程施工中采用敞开式施工方案时，柱基础和设备基础可合并为一个施工过程；而采用封闭式施工方案时，则必须列出柱基础、设备基础这两个施工过程。

住宅建筑的水、暖、煤、卫、电等房屋设备安装是建筑工程重要组成部分，应单独列项；工业厂房的各种机电等设备安装也要单独列项，但不必细分，可由专业队或设备安装单位单独编制其施工进度计划。土建施工进度计划中列出设备安装的施工过程，表明其与土建施工的配合关系。

(4) 明确施工过程对施工进度的影响程度

根据施工过程对施工进度的影响程度可分为三类。一类为资源驱动的施工过程，这类施工过程直接在施工项目上进行作业、占用时间、消耗资源，对施工项目的完成与否起着决定性的作用，它在条件允许的情况下，可以缩短或延长工期。第二类为辅助性施工过程，它一般不占用施工项目的工作面，虽需要一定的时间和消耗一定的资源，但不占用工期，故可不列入施工进度计划以内。如交通运输，场外构件加工等。第三类施工过程虽然直接在施工项目上进行作业，但它的工期不以人的意志为转移，随着客观条件的变化而变化，它应根据具体情况列入施工进度计划，如混凝土的养护等。

2.2.2 确定施工顺序

施工过程划分和确定之后，应按施工顺序列成表格，编排序号，避免遗漏和重复。确定施工顺序时，应遵守下述基本原则和要求：

(1) 确定施工顺序应遵守的基本原则

确定施工顺序既是为了按照客观的施工规律组织施工，也是为了解决工种之间在时间

上的搭接问题，在保证施工质量和施工安全的前提下，以期达到充分利用空间，实现缩短工期的目的。

在实际工程施工中，施工顺序是多种多样的。不仅各种不同类型建筑群的建造过程，有着各种不同的施工顺序；而且同一类型的建筑物，甚至同一幢建筑物的建造过程，也会按不同的施工顺序进行施工。因此，我们的任务就是如何在众多的施工顺序中，选择出既符合施工规律，又最为合理的施工顺序。在具体确定施工顺序中应遵守下述基本原则：

1）先地下，后地上。指的是地上工程开始之前，把管道、线路等地下设施、土方工程和基础工程全部完成或基本完成，以免对地上部分施工产生干扰，既给施工带来不便，又会造成浪费，影响施工质量和施工安全。

2）先主体，后围护。指的是框架结构建筑和装配式单层工业厂房施工中，应先上主体结构，后上围护工程。同时框架主体结构与围护工程在总的施工顺序上要合理搭接，一般来说，多层建筑以少搭接为宜，而高层建筑则应尽量搭接施工，以缩短施工工期；而装配式单层工业厂房主体结构与围护工程一般不搭接。

3）先结构，后装修。是指一般情况而言，有时为了缩短施工工期，也可以部分有合理的搭接。

4）先土建，后设备。指的是不论是民用建筑还是工业建筑，一般来说，土建施工应先于水、暖、煤、卫、电等建筑设备的施工。但它们之间更多的是穿插配合关系，尤其在装修阶段，要从保证施工质量、降低施工成本的角度，处理好相互之间的关系。

在特殊情况下，以上原则不是一成不变的。如在冬期施工之前，应尽可能完成土建和围护工程，以利于施工中的防寒和室内作业的开展，从而达到改善工人的劳动环境，缩短工期的目的；又如大板建筑施工，大板承重结构部分和某些装饰部分宜在加工厂同时完成。因此，随着我国施工技术的发展、企业经营管理水平的提高和在特殊情况下，以上原则也在进一步完善之中。

(2) 确定施工顺序应遵守的基本要求

在确定施工顺序过程中，应遵守以上基本原则，还应符合以下基本要求：

1）必须符合施工工艺的要求。建筑物在建造过程中，各分部分项工程之间存在着一定的工艺逻辑关系。这种顺序关系随着建筑物结构和构造的不同而变化，在确定施工顺序时，应注意分析该建筑物各分部分项工程之间的工艺逻辑，施工顺序决不能违背这种关系。例如：基础工程未做完，其上部结构就不能进行，基槽（坑）未挖完土方，垫层就不能施工；采用钢筋混凝土内柱外墙承重结构体系（半框架结构）时，则外墙砌筑与混凝土柱都要完成后，才能施工承重梁和楼板；但全框架结构工程，外墙作为围护工程，则可以安排框架、梁和楼板施工全部完成后，才能砌筑围护墙。

2）必须与施工方法相协调一致。例如：在装配式单层工业厂房施工中，如采用分件吊装法，则施工顺序是先吊柱，再吊梁，最后吊一个节间的屋架及屋面板等；如采用综合吊装法，则施工顺序为一个节间全部构件吊完后，再依次吊装下一个节间，直至全部吊完。

3）必须考虑施工组织的要求。例如：有地下室的高层建筑，其地下室地面工程可以安排在地下室顶板施工前进行，也可以安排在地下室顶板施工后进行。从施工组织方面考虑，前者施工较方便，上部空间宽敞，可以利用吊装机械直接将地下室地面施工用的材料吊到地下室。而后者，地面材料运输和施工，就比较困难。

4）必须考虑施工质量的要求。在安排施工顺序时，要以能保证和提高施工质量为前提条件，影响施工质量时，要重新安排施工顺序或采取必要技术措施。例如：屋面防水层施工，必须等找平层干燥后才能进行，否则将影响防水工程的施工质量。

5）必须考虑当地的气候条件。例如：在冬期和雨期施工到来之前，应尽量先做基础工程和室外工程，为室内施工创造条件。在冬期施工时，可以先安装门窗玻璃，再做室内地面及顶棚墙面抹灰，这样有利于改善工人的劳动环境，有利于保证抹灰工程的施工质量。

6）必须考虑安全施工的要求。确定施工顺序如要平行搭接施工时，一定要注意安全问题。例如：在主体结构施工时，水、暖、煤、卫、电等建筑设备的安装与构件、模板、钢筋等的吊装、安装，尽可能不在同一个工作面上，否则必须采取必要的安全保护措施。

2.2.3 计算工程量

当确定了施工过程之后，应计算每个施工过程的工程量。工程量应根据施工图纸、工程量计算规则及相应的施工方法进行计算。计算工程量时应注意以下几个问题：

（1）注意工程量的计量单位。

每个施工过程的工程量的计量单位应与采用的施工定额的计量单位相一致。如模板工程以平方米为计量单位；绑扎钢筋工程以吨为计量单位；混凝土以立方米为计量单位等。这样，在计算劳动量、材料消耗量及机械台班量时就可直接套用施工定额，不需要再进行换算。

（2）注意采用的施工方法。

计算工程量时，应与采用的施工方法相一致，以便计算的工程量与施工的实际情况相符合。例如：挖土时是否放坡，是否增加工作面，坡度和工作面尺寸是多少。

（3）结合施工组织要求，分区、分段、分层，以便组织流水作业。

（4）正确取用预算文件中的工程量。

如果编制施工进度计划时，已编制出预算文件（施工图预算或施工预算），则工程量可从预算文件中摘出并汇总。例如：要确定施工进度计划中列出的"砌筑墙体"这一施工过程的工程量，可先分析它包括哪些施工内容，然后从预算文件中摘出这些施工内容的工程量，再将它们全部汇总即可求得。但是，施工进度计划中某些施工过程与预算文件的内容不同或有出入时，则应根据施工实际情况加以修改、调整或重新计算。

2.2.4 套用施工定额

划分了施工过程及计算工程量之后，即可套用施工定额，以确定劳动量和机械台班量。

在套用国家或当地颁布的定额时，必须注意结合本单位工人的技术等级、实际操作水平、施工机械情况和施工现场条件等因素，确定定额的实际水平，使计算出来的劳动量、机械台班量符合实际需要。

有些采用新技术、新材料、新工艺或特殊施工方法的施工过程，定额中尚未编入，这时可参考类似施工过程的定额、经验资料，按实际情况确定。

2.2.5 计算劳动量及机械台班量

根据工程量及确定采用的施工定额，并结合施工的实际情况，即可确定劳动量及机械台班量。一般按下式计算：

$$P = \frac{Q}{S} \tag{5-1}$$

或 $P = QH$

式中　P——完成某施工过程所需的劳动量（工日）或机械台班量（台班）；

　　　Q——完成某施工过程的工程量（实物计量单位），单位有 m^3、m^2、m、t 等；

　　　S——某施工过程所采用的产量定额，单位有 m^3/工日、m^2/工日、m/工日、t/工日、m^3/台班、m^2/台班、m/台班、t/台班等；

　　　H——某施工过程所采用的时间定额，单位有工日/m^3、工日/m^2、工日/m、工日/t、台班/m^3、台班/m^2、台班/m、台班/t 等。

【例 5-1】 某基础工程土方开挖，施工方案确定为人工开挖，工程量为 $600m^3$，采用的劳动定额为 $4m^3$/工日。计算完成该基础工程开挖所需的劳动量。

【解】

$$P = \frac{Q}{S} = \frac{600}{4} = 150 \text{（工日）}$$

【例 5-2】 某基坑土方开挖，施工方案确定采用 W-100 型反铲挖土机开挖，工程量为 $2200m^3$，经计算采用的机械台班产量是 $120m^3$/台班。计算完成此基坑开挖所需的机械台班量。

【解】

$$P = \frac{Q}{S} = \frac{2200}{120} = 18.33 \text{（台班）}$$

取 18.5 台班。

当某一施工过程是由两个或两个以上不同分项工程合并而成时，其总劳动量或总机械台班量按下式计算：

$$P_{总} = \sum_{i=1}^{n} P_i = P_1 + P_2 + P_3 + \cdots + P_n \tag{5-2}$$

【例 5-3】 某杯形钢筋混凝土基础工程施工，其支设模板、绑扎钢筋、浇筑混凝土三个施工过程的工程量分别为 $600m^2$、$5t$、$250m^3$，查劳动定额得其时间定额分别是 0.253 工日/m^2、5.28 工日/t、0.833 工日/m^3，试计算完成钢筋混凝土基础所需劳动量。

【解】

$$P_{模} = 600 \times 0.253 = 151.8 \text{（工日）}$$

$$P_{筋} = 5 \times 5.28 = 26.4 \text{（工日）}$$

$$P_{混凝土} = 250 \times 0.833 = 208.3 \text{（工日）}$$

$$P_{杯基} = P_{模} + P_{筋} + P_{混凝土} = 151.8 + 26.4 + 208.3 = 386.5 \text{（工日）}$$

当某一施工过程是由同一工种，但不同做法、不同材料的若干分项工程合并组成时，应先按式（5-3）计算其综合定额，再求其劳动量。

$$\overline{S} = \frac{\sum_{i=1}^{n} Q_i}{\sum_{i=1}^{n} P_i} \tag{5-3a}$$

$$\overline{H} = \frac{1}{\overline{S}} \tag{5-3b}$$

式中 $\overline{S}$——某施工过程的综合产量定额,单位有 m³/工日、m²/工日、m/工日、t/工日,m³/台班、m²/台班、m/台班、t/台班等;

$\overline{H}$——某施工过程的综合时间定额,单位有工日/m³、工日/m²、工日/m、工日/t,台班/m³、台班/m²、台班/m、台班/t 等;

$\sum_{i=1}^{n} Q_i$——总工程量,m³、m²、m、t 等;

$\sum_{i=1}^{n} P_i$——总劳动量(工日)或总机械台班量(台班)。

【例 5-4】 某工程外墙面装饰有外墙涂料、真石漆、贴面砖三种做法,其工程量分别为 850.5、500.3、320.3m²;采用的产量定额分别是 7.56、4.35、4.05m²/工日。计算它们的综合产量定额及外墙面装饰所需的劳动量。

【解】

$$\overline{S} = \frac{\sum_{i=1}^{n} Q_i}{\sum_{i=1}^{n} P_i} = \frac{850.5 + 500.3 + 320.3}{\frac{850.0}{7.56} + \frac{500.3}{4.35} + \frac{320.3}{4.06}} = 5.45 \ (m^2/工日)$$

$$P_{外墙装饰} = \frac{\sum_{i=1}^{n} Q_i}{\overline{S}} = \frac{1671.1}{5.46} = 306.6 \ (工日)$$

取 $P_{外墙装饰} = 307$ (工日)

2.2.6 计算确定施工过程的延续时间

施工过程持续时间的确定方法有三种:经验估算法、定额计算法和倒排计划法。

(1) 经验估算法

经验估算法也称三时估算法,即先估计出完成该施工过程的最乐观时间、最悲观时间和最可能时间三种施工时间,再根据式(5-4)计算出该施工过程的延续时间。这种方法适用于新结构、新技术、新工艺、新材料等无定额可循的施工过程。

$$D = \frac{A + 4B + C}{6} \tag{5-4}$$

式中 A——最乐观的时间估算(最短的时间);

B——最可能的时间估算(最正常的时间);

C——最悲观的时间估算(最长的时间)。

(2) 定额计算法

这种方法是根据施工过程需要的劳动量或机械台班量,配备的劳动人数或机械台班数以及每天工作班次,确定施工过程持续时间。其计算见式(5-5):

$$D = \frac{P}{NR} \tag{5-5}$$

式中 D——某施工过程持续时间(天);

P——该施工过程中所需的劳动量(工日)或机械台班量(台班);

R——该施工过程每班所配备的施工班组人数(人)或机械台数(台);

N——每天采用的工作班制(班/天)。

从上述公式可知,要计算确定某施工过程持续时间,除已确定的 P 外,还必须先确定 R 及 N 的数值。

要确定施工班组人数或施工机械台班数 R,除了考虑必须能获得或能配备的施工班组人数(特别是技术工人人数)或施工机械台数之外,在实际工作中,还必须结合施工现场的具体条件、机械必要的停歇维修与保养时间等因素考虑,才能计算确定出符合实际可能和要求的施工班组人数及机械台数。

每天工作班制确定:当工期允许、劳动力和施工机械周转使用不紧迫、施工工艺上无法连续施工要求时,通常每天采用一班制施工,在建筑业中往往采用1.25班制即10h。当工期较紧或为了提高施工机械的使用率及加快机械的周转使用,或工艺上要求连续施工时,某些施工过程可考虑每天二班甚至三班制施工。但采用多班制施工,必然增加有关设施及费用,因此,须慎重研究确定。

【例5-5】 某基础工程混凝土浇筑所需劳动量为536工日,每天采用三班制,每班安排20人施工。试求完成此基础工程混凝土浇筑所需的持续时间。

【解】
$$D = \frac{P}{NR} = \frac{536}{3 \times 20} = 8.93 \quad (天)$$
$$取 D = 9 \quad (天)$$

(3) 倒排计划法

这种方法是根据施工的工期要求,先确定施工过程的延续时间及每天工作班制,再确定施工班组人数或机械台数 R。计算公式如下:

$$R = \frac{P}{ND} \tag{5-6}$$

式中符号同式(5-5)。

如果按上式计算出来的结果,超过了本部门每天能安排现有的人数或机械台数,则要求有关部门进行平衡、调度及支持;或从技术上、组织上采取措施,如组织平行立体交叉流水施工,提高混凝土早期强度及采用多班组、多班制的施工等。

【例5-6】 某工程砌墙所需劳动量为810工日,要求在20天内完成,每天采用一班制施工。试求每班安排的工人数。

【解】
$$R = \frac{P}{ND} = \frac{810}{1 \times 20} = 40.5 \quad (人)$$
$$取 R = 41 人。$$

上例所需施工班组人数为41人,若配备技工20人,普工21人,其比例为1:1.05,是否有这些劳动人数,是否有20个技工,是否有足够的工作面,这些都需经过分析研究才能确定。现按41人计算,实际采用的劳动量为41×20×1=820工日,比计划劳动810个工日多10个工日。

2.2.7 初排施工进度计划

上述各项计算内容确定之后,即可编制施工进度计划的初步方案,可采用横道图计划或网络计划表达。

2.2.8 检查与调整施工进度计划

施工进度计划初步方案编制后,应根据合同工期、施工条件、业主、监理单位及其他有关单位的要求,检查与调整施工进度计划。一般是先检查施工过程之间的施工顺序搭接是否合理,工期是否满足要求,资源消耗是否均衡,然后再进行调整,直至满足要求,形成正式的施工进度计划。

课题3 施工进度计划的控制

3.1 施工进度控制的程序

施工进度控制和施工质量控制一样,其控制程序是按照PDCA循环工作方法进行的。PDCA循环工作法说明施工进度控制是全过程、全方位的控制方法,它体现了施工进度控制的内在规律性。根据PDCA循环工作法的特点,要做好施工项目施工进度控制,按照以下四个阶段进行:

3.1.1 计划阶段(即P阶段)

这阶段的主要的工作任务是制定一个科学、合理、可行的施工进度规划和施工进度控制目标和具体实施措施。这阶段的具体工作可分为四步:

(1) 分析施工项目施工进度目前的实际情况,要依据大量的数据和信息情报资料,用数据说话,用数理统计方法来分析、反映存在的进度问题。

(2) 分析产生进度问题的原因和影响因素。

(3) 从各种原因和影响因素中找出影响施工进度的主要原因和主要影响因素。

(4) 针对影响施工进度的主要原因和主要影响因素,制定施工进度控制的措施,提出执行措施的计划,并预期达到的效果。

3.1.2 实施阶段(即D阶段)

这阶段的主要工作任务是按照计划提出的计划措施,组织各方面的力量分头去认真贯彻执行,即执行措施和计划。

3.1.3 检查阶段(即C阶段)

这个阶段的主要工作任务是在实施过程中,还要组织检查,即把实际进度和计划进度与预定目标相比较,检查计划进度完善程度及执行情况。

3.1.4 处理阶段(即A阶段)

这阶段的主要工作任务是对检查结果进行总结和处理。这阶段的具体工作可分为两步:

(1) 总结经验,内入标准。经过对进度计划实施情况的检查后,明确有效果的措施,把好的经验总结出来,防止类似问题再次发生。

(2) 把遗留问题转入到下一个PDCA循环,为下一期计划提供数据资料。

3.2 施工进度计划的控制目标

如果一个施工项目没有明确的进度目标,施工项目的进度就无法控制,也根本不需要控制。因此，要控制施工进度，就必须确定施工进度计划的控制目标（包括施工进度总目标和施工进度分目标）。

3.2.1 施工进度控制目标体系

为了有效、主动地控制施工进度，首先要将施工进度总目标从不同角度进行层层分解，形成施工进度控制目标体系，从而作为实施进度控制的依据。施工进度总目标即指施工项目的交工动用日期，进行施工进度总目标分解主要有以下几种类型：

（1）按施工项目组成分解，明确各单项工程开工和交工动用日期。当一个施工项目包含多个单项工程时，各单项工程的施工进度目标在施工项目的施工进度计划及年度计划中都要一一列出，明确各单项工程的开工和交工动用日期，以确保施工进度总目标的实现。

（2）按承包单位分解，明确分包目标和责任。当一个施工项目有多个承包单位参加施工时，应按承包单位将施工项目的施工进度总目标进行分解，明确各分包单位的进度目标，并列入分包合同，以便落实分包责任，实现分包目标来确保施工进度总目标的实现。

（3）按施工阶段分解，突出施工进度控制节点。根据施工项目的特点，把整个施工分成几个阶段，如土建工程可分为基础工程、主体工程、屋面及装修工程三个阶段。每个施工阶段的起止时间都要有明确的界限，即施工进度控制节点，以此作为施工形象进度的控制标志。以实现施工进度的控制节点来确保施工进度总目标的实现。

（4）按计划期长短分解，组织综合施工。将施工项目建设的总进度计划分解为年度、季度、月度、旬进度计划，用货币工作量、实物工程量、施工形象进度来表示，组织综合施工。以形成一个长期目标对短期目标逐级控制、短期目标对长期目标逐级保证体系，来保证施工进度目标的实现。

3.2.2 施工进度计划控制目标的确定

为了制定出一个科学、合理、符合施工实际的施工进度控制目标，在确定施工进度控制目标时，应认真考虑下列因素：

（1）符合施工项目合同工期要求。

（2）对于大型施工项目，应集中力量分期分批建设，以便尽早投入使用，尽快发挥投资效益，正确处理好前期交工动用与后期建设的关系及每期工程中的主体工程与附属工程之间的关系等。

（3）结合本施工项目的特点，参考同类施工项目的施工经验来确保施工进度控制目标，避免只按主观愿望盲目确定施工进度控制目标，以免造成进度失控。

（4）做好劳动力配备、物资供应能力、资金供应能力与施工进度的平衡工作，以保证施工进度控制目标的实现。

（5）考虑施工项目所在地的地质、地形、水文、气象等自然条件的限制。

（6）考虑交通运输，水、电及其他能源等技术经济条件的限制。

3.3 施工进度控制的检查和调整

3.3.1 施工进度控制的检查

在施工项目的实施过程中，为了进行施工进度控制，进度控制人员应经常地、定期地跟踪检查施工实际进度情况，主要是收集施工项目进度材料，进行统计整理和对比分析，确定实际进度与计划进度之间的关系。其主要工作包括：

(1) 跟踪检查施工实际进度

跟踪检查施工实际进度是施工进度控制的关键措施。其目的是收集实际施工进度的有关数据。跟踪检查的时间和收集数据的质量，直接影响施工进度控制工作的质量和效果。

一般检查的时间间隔与施工项目的类型、规模、施工条件和对进度执行要求程度有关。通常可以确定每月、半月、旬或周进行一次。若在施工中遇到天气、资源供应等不利因素的严重影响，检查的时间间隔可临时缩短，次数应频繁，甚至可以每日进行检查。检查和收集资料的方式一般采用进度报表方式或定期召开进度工作汇报会。

(2) 收集、整理和统计有关施工实际进度检查数据

收集到的施工项目实际进度数据，要进行必要的整理，按施工进度计划控制的工作项目进行统计，形成与计划进度具有可比性的数据，相同的量纲和形象进度。一般可以按实物工程量、工作量和劳动消耗量以及累计百分比整理和统计实际检查的数据，以便与相应的计划完成量对比。

(3) 将实际进度与计划进度进行对比分析

将收集的资料整理和统计成具有与计划进度可比性的数据后，用施工项目实际进度与计划进度的比较方法进行比较。通常采用的比较方法有：

1) 横道图比较法

横道图比较法是将施工项目实施过程中检查实际施工进度收集到的数据，经加工整理后直接用横道线并列标于原计划的横道线处，进行实际进度与计划进度直观比较的方法。采用横道图比较法，可以形象、直观、简单反映实际进度与计划进度的比较情况。例如某地下室工程施工实际进度与计划进度比较表，见表5-2。其中双线条表示施工计划进度，黑粗线表示施工实际进度。从第9周末检查可以看出，挖土方、做垫层、绑扎地下室底板钢筋、安装地下室墙模板（至施工缝处）、浇筑地下室底板混凝土均已完成；绑扎地下室墙钢筋按计划也应完成，但实际只完成任务量的75%，任务量欠25%，实际进度比计划进度滞后0.5周，安装地下室墙、顶板模板按计划应完成任务量的50%，而实际只完成任务量的25%，任务量欠25%，实际进度比计划进度滞后0.5周。

通过上述记录与比较，清楚地反映了实际施工进度与计划进度之间的偏差，进度控制人员可以采取相应的纠偏措施对施工进度计划进行调整，以确保该工程按期完成。

表5-2所表达的比较方法仅适用于施工项目中各项工作都是按均匀速度进展的情况，即每项工作在单位时间内完成的任务量都相等的情况。这里所讲的任务量可以用实物工程量、工作量和劳动消耗量三种物理量表示，为了比较方便，一般用它们实际完成量的累计百分比与计划完成量的累计百分比进行比较。如实物工程量百分比，工作量百分比及劳动消耗量百分比等。

实际施工中各项工作的速度不一定相等，即每项工作在单位时间完成的任务量不相等的情况，并且进度控制要求和提供进度信息的种类往往不同，此时，应采用非匀速进展横道图比较法进行实际进度与计划进度的比较。

横道图比较法虽然有记录和比较简单、形象直观，易于掌握，使用方便等优点。但由于其以横道图计划为基础，因而带有不可克服的局限性，因此，横道图比较法主要用于施工项目中某些实际进度与计划进度的局部比较。

某地下室工程施工实际进度与计划进度比较表　　　　表 5-2

施工过程名称	工作时间（周）	施工进度 1	2	3	4	5	6	7	8	9	10	11	12	13	14	15	16
挖土方	4	══	══	══	══	─											
做垫层	1					══											
绑扎地下室底板钢筋	2					══	══										
安装地下室墙模板	1						══	─									
浇筑地下室底板混凝土	0.5							══									
绑扎地下室墙钢筋	2								══	══							
安装地下室墙、顶板模板	2									══	══						
绑扎地下室顶板钢筋	2											══	══				
浇筑地下室墙、顶板混凝土	0.5													══			
回填土	1														══		

═══ 计划进度　　▲ 检查日期
━━━ 实际进度

2）S 型曲线比较法

S 型曲线比较法以横坐标表示进度时间，纵坐标表示累计完成任务量，而绘制出的一条按计划时间累计完成任务量的 S 型曲线，然后将施工项目实施过程中各检查时间实际累计完成任务量的 S 型曲线也绘制在同一坐标中，进行实际进度与计划进度比较的一种方法。

就一个施工项目或一项工作的全过程而言，由于资源投入及工作面展开等因素，一般是开始和结束时进展速度较慢，单位时间完成的任务量较少，中间阶段则较快较多，如图 5-1（a）所示。而随着工程进展，累计的完成任务量则应呈 S 变化，如图 5-1（b）所示。由于其形状似英文字母"S"，S

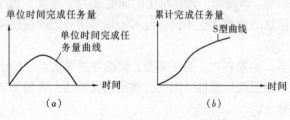

图 5-1　时间与完成任务量关系曲线

型曲线因此而得名。

A.S 型曲线的绘制方法

下面举例说明 S 型曲线的绘制方法。

【例 5-7】 某混凝土工程的浇筑总量为 3650m³,按照施工方案,施工进度计划安排 12 个月完成,每月计划完成的混凝土浇筑量如图 5-2 所示。试绘制该混凝土工程计划的 S 型曲线。

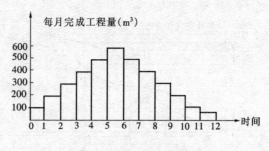

图 5-2 每月完成工程量图

【解】

1) 确定单位时间内计划完成任务量。每月计划完成混凝土浇筑量列于表 5-3 中。

完成工程量汇总表　　　　　　　　　　　　　　表 5-3

时间（月）	1	2	3	4	5	6	7	8	9	10	11	12
每月完成任务量（m³）	100	200	300	400	500	600	500	400	300	200	100	50
累计完成任务量（m³）	100	300	600	1000	1500	2100	2600	3000	3300	3500	3600	3650

2) 计算不同时间累计完成任务量。依此计算每月计划累计完成混凝土浇筑量,结果列于表 5-3 中。

3) 根据累计完成任务量绘制 S 型曲线。根据每月计划累计完成混凝土浇筑量而绘制 S 型曲线,如图 5-3 所示。

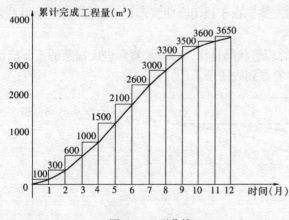

图 5-3 S 型曲线

B. 利用 S 型曲线进行实际进度与计划进度比较

同横道图比较法一样,S 型曲线比较法也是在图上进行施工项目实际进度与计划进度的直观比较。在施工项目实施过程中,按照规定时间将检查收集到的实际累计完成任务量绘制在原计划 S 型曲线上,即可得到实际进度 S 型曲线,如图 5-4 所示。通过比较实际进度 S 型曲线和计划进度 S 型曲线,可以获得如下信息:

a. 施工项目实际进展状况

如果工程实际进展点落在计划 S 型曲线左侧,表明此时实际进度超前,如图 5-4 中的 a 点;如果工程实际进展点落在 S 型曲线右侧,表明此时实际进展拖后,如图 5-4 中的 c 点;如果工程实际进展点正好落在计划 S 型曲线上,则表明此时实际进度与计划进度一致,和图 5-4 中的 b 点;

b. 施工项目实际进度超前或拖后的时间

在 S 型曲线比较图中可以直接读出实际进度比计划进度超前或拖后的时间。如图 5-4 所示,ΔT_a 表示 T_a 时刻实际进度超前的时间;ΔT_c 表示 T_c 时刻实际进度拖后的时间。

c. 施工项目实际超额或拖欠的任务量

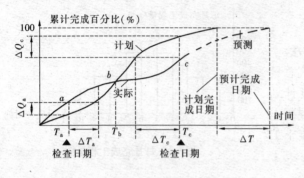

图 5-4　S 型曲线比较图

在 S 型曲线比较图中也可直接读出实际进度比计划进度超额或拖欠的任务量。如图5-4所示，ΔQ_a 表示 T_a 时刻超额完成的任务量，ΔQ_c 表示 T_c 时刻拖欠的任务量。

d. 后期施工进度预测

如果后期工程按原计划速度进行，则可做出后期工程计划型曲线如图 5-4 中虚线所示，从而可以确定工期拖延预测值 ΔT。

C. 香蕉型曲线比较法

香蕉型曲线是由两条 S 型曲线组合而形成的闭合曲线。从 S 型曲线比较法中可知，任何一个施工项目或一项工作，其计划时间与累计完成任务量的关系都可以用一条 S 型曲线表示。对于一个施工项目的网络计划来说，在理论上总是分为最早和最迟两种开始与完成时间。因此，一般情况，任何一个施工项目的网络计划，都可以绘制出两条曲线，一条是按各项工作最早开始时间的安排进度而绘制的 S 型曲线，称为 ES 曲线，一条是按各项工作最迟开始时间安排进度而绘制的 S 型曲线，称为 LS 曲线。ES 曲线与 LS 曲线都是从计划的开始时刻开始，到完成时刻结束，因此两条曲线是闭合的。在一般情况下，ES 曲线上的其余各点均落在 LS 曲线的相应点的左侧。由于该闭合曲线形似"香蕉"，故称为香蕉型曲线，如图 5-5 所示。

在施工项目实施的过程中进度控制的理想状况是任一时刻按实际进度描绘的点，应落在该香蕉型曲线的区域内。如图 5-5 中的点划线所示。

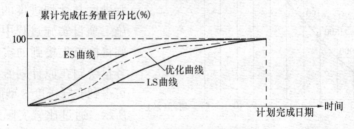

图 5-5　香蕉型曲线比较图

香蕉型曲线绘制方法与 S 型曲线绘制方法基本相同，所不同之处在于香蕉型曲线是以工作按最早时间安排进度和最迟时间安排进度分别绘制的两条 S 型曲线组合而成。

下面举例说明香蕉型曲线的绘制方法：

【例 5-8】　某钢筋混凝土施工工程网络计划如图 5-6 所示，图中箭线上方括号内数字表示各项工作计划完成的任务量，以劳动消耗量表示；箭线下方数字表示各项工作持续时间（天）。试绘制香蕉型曲线。

【解】　假设各项工作均为均速进展，即各项工作每天的劳动消耗量相等。

1）定各项工作每天的劳动消耗量。

支模 1：40/4 = 10　　　　支模 2：60/6 = 10　　　支模 3：40/4 = 10

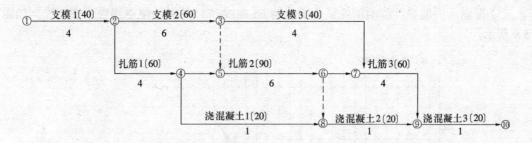

图 5-6 某钢筋混凝土工程施工网络计划

扎筋 1：60/4 = 15　　　　扎筋 2：90/6 = 15　　　　扎筋 3：60/4 = 15
浇混凝土 1：20/1 = 20　　浇混凝土 2：20/1 = 20　　浇混凝土 3：20/1 = 20

2) 计算施工项目劳动消耗总量 Q。

$$Q = 40 + 60 + 40 + 60 + 90 + 60 + 20 + 20 + 20 = 410$$

3) 根据各项工作按最早开始时间安排的进度计划，确定施工项目每天计划劳动消耗量及每天累计劳动消耗量，如图 5-7 所示。

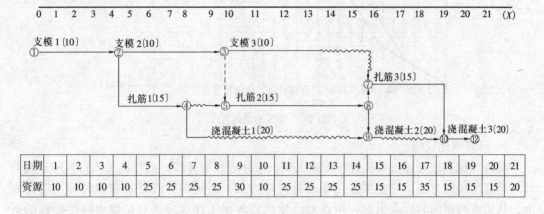

图 5-7　按工作最早开始时间安排的进度计划及劳动消耗量

4) 根据各项按最迟开始时间安排的进度计划，确定施工项目每天计划劳动消耗量及每天累计劳动消耗量，如图 5-8 所示。

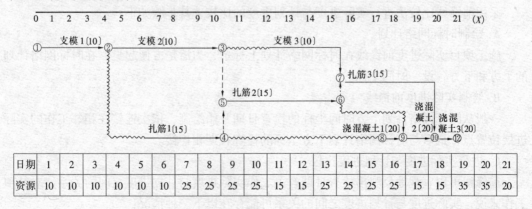

图 5-8　按工作最迟开始时间安排的进度计划及劳动消耗量

5) 根据不同的累计劳动消耗量分别绘制 ES 曲线和 LS 曲线，便得到香蕉型曲线，如图 5-9 所示。

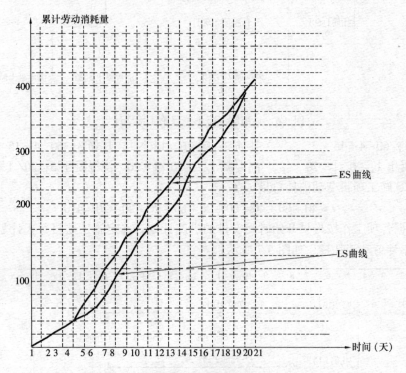

图 5-9 香蕉型曲线图

D. 前锋线比较法

前锋线比较法是通过某检查时刻施工项目实际进度前锋线，进行施工项目实际进度与计划进度比较的方法，它主要适用于时标网络计划。所谓前锋线是指在原时标网络计划上，从检查时刻的时标点出发，用点划线依次将各项工作实际进展位置点连接而成的折线。前锋线比较法就是通过实际进度前锋线与原进度计划中各工作箭线交点的位置来判断工作实际进度与计划进度的偏差，进而判定该偏差对后续工作及总工期影响程度的一种方法。

采用前锋线比较法进行实际进度与计划进度的比较，其步骤如下：

A. 绘制时标网络计划

施工项目实际进度前锋线在时标网络计划上标示，为清楚方便起见，在时标网络计划的上方和下方各设一时间坐标。

B. 绘制实际进度前锋线

一般从时标网络计划上方时间坐标的检查日期开始绘制，依次连接在相邻工作的实际进展位置点，最后与时标网络计划下方坐标的检查日期相连接。

C. 进行实际进度与计划进度比较

前锋线可以直观地反映出检查日期有关工作实际进度与计划进度之间的关系。对某项工作来说，实际进度与计划进度之间的关系可能存在以下三种情况：

a. 工作实际进展位置点落在检查日期的左侧，表明该工作实际进度拖后，拖后的时间为二者之差；

b. 工作实际进展位置点落在检查日期的右侧，表明该工作实际进度超前，超前的时间为二者之差；

c. 工作实际进展位置点与检查日期重合，表明该工作实际进度与计划进度一致。

D. 预测进度偏差对后续工作及总工期的影响

通过实际进度与计划进度的比较，确定进度偏差后，还可以根据工作的自由时差和总时差预测该进度偏差对后续工作及总工期的影响情况。前锋线比较法既适用于工作实际进度与计划进度之间的局部比较，又可用来分析和预测施工项目整体进度状况。

【例 5-9】 某钢筋混凝土工程施工时标网络计划如图 5-10 所示。该计划执行到第 12 天末检查实际进度，并绘制实际进度前锋线。试用前锋线比较法进行实际进度与计划进度的比较。

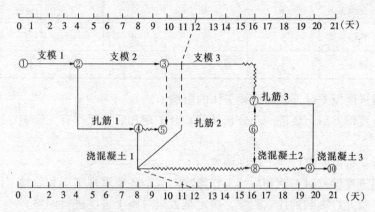

图 5-10 某钢筋混凝土工程施工前锋箭线比较图

【解】 根据第 12 天末实际进度的检查结果绘制前锋线，如图 5-10 中点划线所示。通过比较可以得知：

（1）工作支模 3 实际进度拖后 1 天，既不影响总工期，也不影响其后续工作的正常进行；

（2）工作扎筋 2 实际进度拖后 1 天，将使其后续工作扎筋 3、浇混凝土 3 的最早开始时间推迟 1 天，使总工期延长 1 天；

（3）工作浇混凝土 1 实际进度拖后 1 天，既不影响总工期，也不影响其后续工作的正常进行。

综上所述，如不采取措施加快施工进度，该钢筋混凝土工程施工的总工期将延长 1 天。

E. 列表比较法

当施工项目进度计划采用非时标网络计划时，可以采用列表比较法进行实际进度与计划进度的比较。这种方法是记录检查日期应该进行的工作名称及其已经作业的时间，然后列表计算有关时间参数，并根据工作总时差进行实际进度与计划进度比较的方法。

下面举例说明列表比较法的应用：

【例 5-10】 某钢筋混凝土工程施工进度计划如图 5-10 所示。该计划执行到第 12 天末检查实际进度时,发现工作支模1、支模2、扎筋1已经全部完成,工作支模3已进行1天,工作扎筋2已进行1天,工作浇混凝土1还未进行。试用列表比较法进行实际进度与计划进度的比较。

【解】 根据该钢筋混凝土工程施工进度计划及实际进度检查结果,可以计算出检查日期应进行工作的尚需作业时间,原有总时差及尚有总时差,计算结果见表5-4。通过比较尚有总时差和原有总时差,即可判断目前该钢筋混凝土工程施工的实际进展情况。

施工进度检查比较表　　　　　　　　　　　　　　　表5-4

工作代号	工作名称	检查计划时尚需作业天数	到计划最迟完成时尚余天数	原有总时差	尚有总时差	情况判断
3-7	支模3	3	4	2	1	拖后一天,不影响工期
5-6	扎筋2	5	4	0	-1	拖后一天,影响工期一天
4-8	浇混凝土1	1	4	7	3	拖后一天,不影响工期

(4) 分析进度偏差对工期和后续工作的影响

当发生进度偏差后,要进一步分析该偏差对工期和后续工作有无影响?影响到什么程度?

(5) 分析是否需要进行施工进度调整

当分析出进度偏差对工期和后续工作影响之后,还要重视工期和后续工作是否允许发生这种影响,及允许影响到什么程度,决定是否应对施工进度进行调整。

从一般的施工进度控制来看,某些工作实际进度比计划进度超前是有利的。所以施工进度控制工作的重点是进度发生拖后现象时,要通过分析决定是否需调整。当然,施工进度超前过多会影响到施工质量、施工安全、文明施工、资源供应、资金使用、施工技术等问题,如果这些条件限制很严格,施工进度也要进行调整。

(6) 采取进度调整措施

当明确了必须进行施工进度调整后,还要具体分析产生这种进度偏差的原因,并综合考虑进度调整对施工质量、安全生产、文明施工、资源供应、资金使用、施工技术等因素的影响,确定在哪些后续工作上采取技术上、组织上、经济上、合同上措施。

一般来说,不管采取哪种措施,都会增加费用。因此在调整施工进度时,应利用费用优化的原理选择费用量最小的关键工作为施工进度调整的对象。

(7) 实施调整后的进度计划

调整后的新计划实施后,重复上述施工进度控制过程,直至施工项目全部完工为止。

3.3.2 施工进度控制的调整

(1) 分析进度偏差对后续工作及工期的影响

在施工项目实施过程中,当通过实际进度与计划进度比较,发现存在进度偏差时,应当分析该偏差对后续工作及工期的影响,从而采取相应的调整措施对原进度计划进行调整,以确保施工进度目标的顺利实现。

1) 分析出现进度偏差的工作是否为关键工作

若出现进度偏差的工作位于关键线路上，即该工作为关键工作，则无论偏差大小都对后续工作及工期产生影响，必须采取相应的调整措施；若出现进度偏差是非关键工作，需要根据偏差值与总时差和自由时差的大小关系作进一步分析。

2) 分析出现进度偏差是否大于总时差

若出现进度偏差大于该工作的总时差，则说明该进度偏差必将影响后续工作和工期，必须采取相应的调整措施；若出现进度偏差小于或等于该工作的总时差，则说明该进度偏差对工期没有影响，至于对后续工作的影响程度，需要根据偏差值与其自由时差的关系作进一步分析。

3) 分析出现进度偏差是否大于自由时差

若出现进度偏差大于自由时差，则说明该进度偏差对其后续工作产生影响，其调整措施应根据后续工作允许影响的程度而定；若出现进度偏差小于或等于该工作的自由时差，则说明该进度偏差对后续工作没有影响，因此原进度计划可以不作调整。

通过分析，进度控制人员可以根据进度偏差的影响程度，制订相应的纠偏措施进行调整，获得新的符合实际进度情况和计划目标的新的进度计划。

(2) 施工进度计划调整方法

在对实施的进度计划进行分析的基础上，应确定调整原计划的方法，其调整方法主要有以下几种：

1) 改变某些工作间的逻辑关系

当施工项目实施之中产生的进度偏差影响到工期，且有关工作的逻辑关系允许改变时，可以改变关键线路和超过计划工期的非关键线路上的有关工作之间的逻辑关系，达到缩短工期的目的。用这种方法调整进度计划的效果是很显著的。例如可以把依次进行的工作改为平行作业、搭接作业及分段组织流水作业等，都可以缩短工期。

2) 缩短某些工作的持续时间

这种方法是不改变工作之间的逻辑关系，而是通过采取增加资源投入、提高劳动效率等措施来缩短某些工作的持续时间，从而使施工进度加快，以保证按计划工期完成该施工项目。这些被压缩持续时间的工作，应是位于关键线路和超过计划工期的非关键线路上的工作。同时，这些工作的持续时间又是可以被压缩的。这种调整方法通常在网络计划上直接进行，实际上就是网络计划优化中的工期优化的方法。

3) 资源供应的调整

如果资源供应发生异常，应采用资源优化方法对计划进行调整，或采取应急措施，使其对工期影响最小。

4) 增减施工内容

增减施工内容应做到不打乱原计划的逻辑关系，只对局部逻辑关系进行调整。在增减施工内容后，应重新计算时间参数，分析对原计划的影响。当对工期有影响时，应采取调整措施。

5) 增减工程量

增减工程量主要是指通过改变施工方案、施工方法，从而导致工程量的增加或减少。当对工期有影响时，应采取调整措施。

实 训 课 题

实训 1. 收集实际工程的相关资料,进行施工过程的划分、逻辑关系的确定、施工时间的计算,进行进度计划的初排和调整。

实训 2. 进度计划案例

(1) 背景资料

某基础工程施工,包括挖土方、做垫层、砌基础、回填土四个施工过程,各施工过程的持续时间分别为 9、16、15、6 天。

(2) 问题

1) 采取依次作业方式组织施工,试绘制横道图计划,并确定其总工期。

2) 根据工作面及资源供应条件,可将此基础工程划分为工程量基本相等的三个施工段组织流水作业,试绘制流水网络计划,并确定其总工期。

(3) 答案

1) 采取依次作业方式组织施工,横道图计划如表 5-5 所示,总工期为

$$T = 9 + 6 + 12 + 3 = 30 \text{ 天}$$

基础工程施工进度计划 表 5-5

施工过程	施工进度																													
	1	2	3	4	5	6	7	8	9	10	11	12	13	14	15	16	17	18	19	20	21	22	23	24	25	26	27	28	29	30
挖土方	━	━	━	━	━	━	━	━	━																					
做垫层										━	━	━	━	━	━															
砌基础																━	━	━	━	━	━	━	━	━	━	━	━			
回填土																												━	━	━

2) 分三个施工段组织流水作业,流水网络计划如图 5-11 所示。总工期为 $T = 18$ 天。通过流水作业,使得该基础工程的总工期由 30 天变为 18 天,缩短工期 12 天。

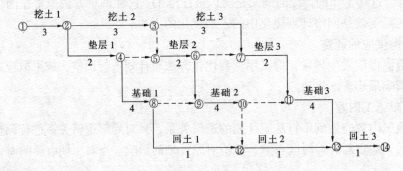

图 5-11 基础工程流水网络计划

(4) 分析

1) 施工进度计划常用横道图(表 5-5)或网络图(图 5-11)表达。

2) 进度计划调整方法一般有五种：

A．改变某些工作间的逻辑关系；

B．缩短某些工作的持续时间；

C．资源供应的调整；

D．增减施工内容；

E．增减工程量。

本案例采用的方法是改变工作间的逻辑关系，可以达到缩短施工工期的目的。

复习思考题

1．什么是施工项目的进度控制？
2．影响施工进度的主要因素有哪些？
3．施工进度控制的目的是什么？
4．施工进度计划常用的表达方式有哪些？
5．施工进度控制的程序是什么？可分为哪几个阶段？
6．施工进度控制检查主要工作是什么？
7．进行实际进度与计划进度的比较，常用的方法有哪几种？
8．施工进度计划调整有哪五种方法？
9．某基础工程土方开挖，工程量为 $800m^3$，采用人工开挖，劳动定额为 0.25 工日$/m^3$。求：① 完成此基础工程土方开挖所需劳动量？② 每天工作一班，要求在 20 天内完成此基础工程土方开挖，则每班至少应安排多少工人？

10．某混凝土工程浇筑总量为 $2500m^3$，按照施工进度计划安排 9 个月完成，每月计划完成的混凝土浇筑量为 1 月份 $100m^3$、2 月份 $200m^3$、3 月份 $300m^3$、4 月份 $400m^3$、5 月份 $500m^3$、6 月份 $400m^3$、7 月份 $300m^3$、8 月份 $200m^3$、9 月份 $100m^3$。试绘制该混凝土工程计划的 S 型曲线。

11．某工程项目网络计划如图 5-12 所示，图中箭线上方数字表示各项工作计划完成的任务量，以劳动消耗量表示；箭线下方数字表示该项工作持续时间（天）。试绘制香蕉型曲线。

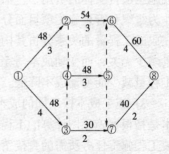

图 5-12 题 11

单元 6　施工项目成本控制

知　识　点：施工成本控制、施工成本核算、施工成本分析的内容与方法。

教学目标：要求学生了解施工成本管理的意义和目的；了解施工成本控制的对象、任务、组织；初步掌握施工成本控制的步骤、方法；了解施工成本核算的对象、成本项目、任务；初步掌握施工成本核算的方法；掌握施工成本的分析的基本方法。

课题 1　施工成本控制概述

1.1　施工成本管理的意义和目的

1.1.1　施工成本管理的意义

(1) 施工成本的概念

1) 施工成本是施工企业为完成施工项目的建筑安装工程施工任务所消耗的各项生产费用的总和。

2) 施工成本按经济用途分析其构成，包括直接成本和间接成本。其中直接成本是构成施工项目实体的费用，包括人工费、材料费、机械使用费和措施费；间接成本是施工企业为组织和管理施工项目而分摊到该项目上的经营管理性费用。施工成本按成本与施工所完成的工程量的关系分析其构成，包括固定成本与变动成本。其中固定成本与完成的工程量多少无关，而变动成本与完成的工程量多少有关，即随工程量增加而变动成本增加，随工程量减少而变动成本降低。

3) 施工成本按不同的成本核算方法可分为预算成本、计划成本、实际成本。预算成本是指根据施工图计算的工程量和预算单价确定的施工成本，反映为完成施工项目建筑安装工程施工任务所需的直接费用和间接费用。计划成本是指在充分挖掘潜力，采取有效的技术组织措施和加强管理与经济核算的基础上，事先确定的施工项目的成本目标。实际成本是指在施工生产过程中实际发生的并按一定的成本核算对象和成本项目归集的生产费用支出的总和。

(2) 施工成本管理的意义

施工成本管理就是要在保证工期和施工质量满足要求的情况下，利用组织措施、经济措施、技术措施、合同措施把施工成本控制在计划范围以内，并进一步寻求最大程度的施工成本节约。施工成本管理是反映一个施工企业施工技术水平和经营管理水平的一个综合性指标。因此，建立健全施工企业的施工成本管理组织机构，配备强有力的施工成本管理专门人员，制定科学的、切实可行的施工成本管理措施、方法、制度，调动广大职工的积极性、主动性和创造性，可以使施工企业提高经济效益，增加利润，积累扩大再生产资金，对于发展我国社会主义经济具有重大的意义。具体地讲，搞好施工成本管理具有以下几方面的意义：

1）施工成本管理是提高施工经营管理水平的重要手段

施工成本管理是反映一个施工企业施工技术水平和经理管理水平的一个综合性指标。一切施工活动和经营管理水平，都将直接影响到施工成本的高低，施工项目一旦确定，则收入一定，如何提高施工技术水平和经营管理水平，降低施工成本，追求最大利润是施工项目管理的目标。因此加强施工成本管理，建立健全各项控制标准和控制制度，就可以加强施工成本控制工作，提高施工技术水平和经营管理水平，确保施工成本目标的真正实现。

2）施工成本管理是实行施工企业经济责任制的重要内容

企业实行成本管理责任制，要把成本管理责任制纳入企业经济责任制，作为它的一项重要内容。为了成本管理责任制的贯彻执行，必须实行成本控制，需要把降低施工消耗和经营管理性费用支出，实现施工成本目标，具体落实到施工企业内部的各部门、各环节，要求各部门、各环节对节约和降低施工成本承担经济责任，并把经济责任和经济利益有机地结合起来。因此加强施工成本控制工作，可以调动广大职工的积极性、主动性和创造性，把节约和降低施工成本目标，变成广大职工的自觉行动，纳入企业经济责任制的考核范围。

3）施工成本管理是施工企业提高经济效益、增强活力的主要途径

提高经济效益是我国社会主义经济建设中的根本问题，一切经济工作都要以提高经济效益为中心。施工企业的经济效益的好坏，直接关系到企业的生存和发展问题，要把企业的各项工作都纳入到提高经济效益为中心的轨道上来。施工成本是衡量施工企业经济效益好坏的重要指标，因此，施工企业要提高经济效益，必须加强施工成本控制。只有充分利用生产要素的市场机制，管好项目，控制投入，降低消耗，提高效率，把施工成本控制在一个合理的水平上，才能既保证工期和施工质量，又能提高经济效益。

增强企业活力，是经济体制改革的重要环节。过去，国家对企业管理得太多、太死，抑制了企业的生机和活力，使企业的自身发展受到了一定的限制。我国进行的经济体制深化改革，就是使企业具有自我进行改革和自我发展的能力，具有有效利用企业内部资源的能力，具有满足社会需要、开拓市场和竞争的能力。当前，有的施工企业缺乏自主权和活力，主要表现在因施工技术水平低和经营管理差而导致的施工质量差、工期长、施工成本高、安全事故多等方面。因此，施工企业必须不断地提高施工技术水平和经营管理水平，才能生产出施工成本低、施工质量高的建筑产品，才能增强企业活力。

1.1.2 施工成本管理的目的

从一定意义上说，施工企业的一切管理都要导致一定的经济效益，而由于施工项目管理是一次性的行为，这个项目完成后，就要进行下一个新的项目。在施工项目施工期间，项目施工成本能否降低，有无经济效益，必然反映着施工成本管理的好坏。为了确保项目盈利，关键在于搞好施工成本管理，可使施工企业降低施工成本，实现利润，为国家提供更多的税收，为企业获得更大的经济效益。因此，施工成本管理的目的就在于降低施工成本，提高经济效益。

1.2 施工成本控制的对象和任务

施工成本控制是事先控制,是指在施工过程中,对影响施工成本的各种因素加强管理,并采用各种有效措施,将施工中实际发生的各种消耗和支出严格控制在成本计划范围内,随时揭示并及时反馈,严格审查各项费用是否符合标准,计算实际成本和计划成本之间的差异并进行分析,消除施工中的损失浪费现象,发现和总结先进经验。

一个企业制定科学、先进的成本计划后,只有加强对成本的控制力度,才可能保证成本目标的实现;否则,只有成本计划,而在施工过程中控制不力,不能及时消除施工中的损失浪费,成本目标根本无法实现。施工项目成本控制应贯穿于施工项目从投标阶段开始直到项目竣工验收交付使用及工程保修的全过程,它是企业全面成本管理的核心功能,实现成本计划的重要环节。因此,必须明确各级管理组织和各级人员的责任和权限,这是成本控制的基础之一,必须给以足够的重视。

由于施工项目管理是一次性的行为,它的管理对象只是一个施工项目,且随着项目建设任务完成而结束其历史使命。在施工期间,施工成本能否降低,能否取得经济效益,关键在此一举,别无回旋余地,有很大的风险性。因此进行成本控制不仅必要,而且必须做好。

进行施工成本控制,应遵守以下原则:开源与节流相结合原则;全员控制原则;全过程控制原则;动态控制原则;目标管理原则;例外管理原则;责、权、利相结合原则。

1.2.1 施工成本控制的对象

(1) 以施工成本形成过程作为施工成本控制对象

项目经理部应对施工成本进行全面、全过程的有效控制,具体的控制内容包括:

1) 在施工投标阶段,应根据施工项目招标文件,进行施工成本预测,提出投标决策的意见,编制施工投标文件。

2) 在施工准备阶段,应结合施工图的自审、会审及其他有关资料,通过多方案的技术经济比较,从中选择出技术上先进可行、经济上合理、安全上可靠的施工方案,并编制施工成本计划,进行成本目标风险分析,对施工项目施工成本进行事前控制。

3) 在施工阶段,应根据施工图预算、施工预算、劳动定额、材料消耗定额、机械使用定额和各项费用开支标准等,对实际发生的施工成本费用进行控制。由于施工成本绝大部分发生在施工阶段,因此,加强施工阶段的施工成本控制,对于降低整个施工成本具有特别重要的意义。

4) 在施工项目竣工验收交付使用及保修阶段,应对施工项目竣工验收过程中发生的费用支出和保修费用支出进行控制。

(2) 以施工项目的职能部门、施工队组作为施工成本控制对象

施工项目的施工成本费用,一般发生在各个职能部门、施工队组。因此,应以施工项目的职能部门、施工队组作为施工成本控制对象,接受企业有关经理、职能部门和项目经理的指导、监督、检查和考评。当然,施工项目的职能部门、施工队组应对自己所承担的经济责任进行自我控制,这是最直接、最有效的施工成本控制。

(3) 以分部分项工程作为施工成本控制对象

每个施工项目都是由若干个分部分项工程组成的,为把施工项目施工成本控制工作做

得细致，落到实处，施工项目管理人员应以分部分项工程作为施工成本控制对象。一般应根据施工项目的分部分项工程的实物工程量，参照施工预算定额，结合施工项目的施工与管理的施工技术、业务素质和技术组织措施，编制出分部分项工程施工预算，作为分部分项工程施工成本进行控制的依据。分部分项工程施工预算的格式，见表6-1。

分部分项工程施工预算　　　　　　　　　　　　表 6-1

工程名称＿＿＿＿＿＿＿＿　施工面积＿＿＿＿＿＿m² 　工程造价＿＿＿＿＿元
开工日期＿＿＿＿＿＿＿＿　施工地点＿＿＿＿＿＿＿＿＿＿＿＿＿＿

分项工程编号	分项工程工序名称	工程量	单位	定额数量金额	名称					
					规格					
					单位					
					单价					
				定额						
				数量						
				金额						
				定额						
				数量						
				金额						

（4）以对外经济合同作为施工成本控制对象

施工项目的对外经济，都要以经济合同为纽带建立合约关系，以明确双方的权利和义务。在签订经济合同时，除了要根据业务要求规定的时间、质量、结算方式和履（违）约奖罚等条款外，还必须强调要将合同的数量、单价、金额控制在预算收入以内。合同金额超过了预算收入，就意味着施工成本亏损；反之，就能降低施工成本。

（5）当施工项目采用CM法实行分段设计、分段施工时，在开工以前不能一次性编制出整个施工项目的施工预算，应根据施工图的出图情况，编制分段施工预算，这种分段施工预算，也应成为施工成本控制的对象。

1.2.2 施工成本控制的任务

施工成本控制的任务：在施工项目开工前，对影响施工成本的诸因素进行事前预测和计划，即事前控制；在施工项目施工过程中，对施工成本的形成和偏离施工成本目标的差值进行分析，查找原因，并采取各种有效措施进行纠偏和控制，即事中控制（过程控制）；在施工项目通过竣工验收交付使用、竣工决算后，对施工成本计划的执行情况加以分析总结，找出做得好的方面，同时也寻查有些分部分项工程实际成本超出计划成本或合同价的原因，对施工成本控制进行全面的综合分析与考核，以便找出加强施工成本控制、改进施工成本管理的对策，即事后控制。

1.3 施工成本控制的组织

施工项目的施工成本控制，不仅仅是施工成本管理专门人员的责任，参与施工项目建设的每个职能部门及每个职工，特别是施工项目经理，都要按照业务分工承担起对节约和降低施工成本的经济责任。一方面，是因为施工成本控制不仅必要、重要，而且还必须做好；另一方面，还在于成本指标的综合性和群众性，既要依靠每个职能部门及每个职工的共同努力，又要由每个职能部门及每个职工共享低成本的成果。为了保证施工成本控制工作的正常顺利进行，需要把参与施工项目建设的每个职能部门及每个职工组织起来，并按照业务分工开展工作。

1.3.1 建立以施工项目经理为核心的施工成本控制体系

项目经理负责制，是施工项目管理的特征之一。实行项目经理负责制，就是要求项目经理对施工项目的施工进度、施工质量、施工成本、施工安全等全面负责，特别要把施工成本控制放在首位，因为施工成本失控，必然影响经济效益，难以完成预期的施工成本目标。施工成本控制的模式如图6-1所示。

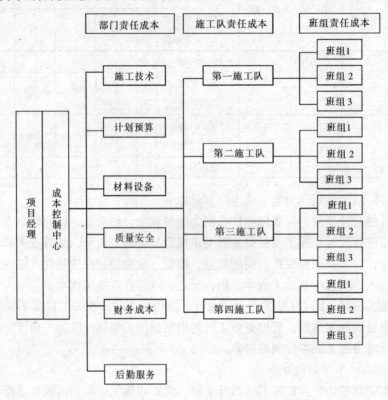

图6-1 施工成本控制体系图

1.3.2 建立施工成本控制责任制

成本责任，不同于工作责任。有时工作责任已经完成，甚至完成得非常出色，但成本责任却没有完成。例如，材料员采购材料及时，供应到位，配合施工得力，但在材料采购时，材料质量就次不就好，材料价格就高不就低，这样既增加了材料的采购成本，又不利于施工质量。因此，应该在原有业务、职责分工的基础上，还要进一步明确施工成本控制的责任，为节约和降低施工成本严格把关。

课题2 施工成本控制的步骤和方法

要进行施工成本控制，首先必须编制施工成本计划。施工成本计划是以货币形式编制施工项目在计划期内的生产费用、成本水平、成本降低率以及为降低成本所采取的主要措施和规划的书面方案，它是建立施工项目施工成本管理责任制、开展施工成本控制和核算的基础。施工成本计划指标应实事求是，从实际出发，既积极可靠，又留有余地。一般来说，一个施工项目成本计划应包括从开工到竣工所必需的施工成本，它是该施工项目降低施工成本的指导文件，是设立目标成本和进行施工成本控制、施工成本分析及施工成本检查的依据。可以说，施工成本计划是目标成本的一种形式，是对施工成本实现计划管理的重要环节。

2.1 施工成本计划的编制

施工成本计划的编制依据包括：合同报价书、施工预算；施工组织设计或施工方案；人、料、机市场价格；公司颁布的材料指导价格、公司内部机械台班价格、劳动力内部挂牌价格；周转设备内部租赁价格，摊销损耗标准；已签订的工程合同、分包合同（或估价书）；结构件外加工计划和合同；有关财务成本核算制度和财务历史资料；以及其他相关资料。

2.1.1 按施工成本组成编制施工成本计划

施工成本可以按成本构成分解为人工费、材料费、机械使用费、措施费、间接费。如图6-2所示。

图6-2 按成本构成分解施工成本

2.1.2 按子项目组成编制施工成本计划

大中型的施工项目通常是由若干单项工程构成的，而每个单项工程包括多个单位工程，每个单位工程又是由若干个分部分项工程构成，因此，首先要把项目总施工成本分解到单项工程和单位工程中，再进一步分解为分部工程和分项工程，如图6-3所示。

2.1.3 按施工进度编制施工成本计划

编制按时间进度的施工成本计划，通常可利用控制施工进度的网络计划进一步扩充而得。即在建立网络计划时，一方面确定完成各项工作所需花费的时间，另一方面同时确定完成这一工作的合适的施工成本支出计划。在实践中，将施工项目分解为既能方便地表示时间，又能方便地表示施工成本支出计划的工作是不容易的，通常如果项目分解程度对时间控制合适的话，则对施工成本支出计划可能分解过细，以至于不可能对每项工作确定其施工成本支出计划。反之亦然，因此在编制网络计划时，应在充分考虑施工进度控制对项目划分要求的同时，还要考虑确定施工成

图6-3 按子项目分解施工成本

本支出计划对项目划分的要求，做到二者兼顾。

以上三种编制施工成本计划的方法并不是相互独立的。在实际中，往往是将这几种方法结合起来使用，从而达到扬长避短的效果。例如：按子项目分解项目总施工成本与按施工成本构成分解项目总施工成本两种方法结合，横向按施工成本构成分解，纵向按子项目分解，或相反。这种分解方法有助于检查各分部分项工程施工成本构成是否完整，有无重复计算或漏算；同时还有助于检查各项具体的施工成本支出的对象是否落实，并且可以从数字上校核分解的结果有无错误。或者还可将按子项目分解项目总施工成本计划与按时间分解项目总施工成本计划结合起来，一般纵向按子项目分解，横向按时间分解。

在编制施工成本计划时应注意以下几点：

（1）在编制成本计划和确定指标时，既要积极可靠，又要留有余地。不应有意压低成本金额，盲目提高成本降低率，这种不切实际的压低计划成本，会造成一种可能获得高额利润的假象，可能会使项目管理人员被假象所迷惑而对必须加强的管理有所松懈，而在计划不能实现时又产生失望灰心情绪。

（2）在工程技术部门和财会部门编制成本计划时，应当充分听取项目经理部其他部门，特别是工地执行人员的意见，使编制出的成本计划切实可行。

（3）设立一定比例的不可预见费。不仅在总的方面要有不可预见费，在各主要栏目中也要安排适当的不可预见费，以便于项目经理和各业务部门掌握和调节。

2.2 施工成本控制的步骤

在确定了项目施工成本计划后，必须定期地进行施工成本计划值与实际值的比较，当实际值偏离计划值时，分析产生的偏差的原因，采取适当的纠偏措施，以确保施工成本控制目标的实现。其步骤如下：

2.2.1 比较

按照某种确定的方式将施工成本计划值与实际值逐项进行比较以发现施工成本是否已超支。

2.2.2 分析

在比较的基础上，对比较的结果进行分析，以确定偏差的严重性及偏差的原因，从而采取有针对性的措施，减少或避免相同原因的再次发生或减少由此造成的损失。

2.2.3 预测

根据项目实施情况估算整个项目完成时的施工成本。预测的目的在于为决策提供支持。

2.2.4 纠偏

当施工项目的实际施工成本出现了偏差，应当根据施工项目的具体情况、偏差分析和预测的结果，采取适当的措施，以期达到使施工成本偏差尽可能小的目的，纠偏是施工成本控制中最具实质性的一步。只有通过纠偏，才能最终达到有效控制施工成本的目的。

2.2.5 检查

它是指对工程的进展进行跟踪和检查，及时了解工程进展状况以及纠偏措施的执行情况和效果，为今后的工作积累经验。

2.3 施工成本控制的方法

施工成本控制的方法很多，这里介绍价值工程法，量本利法和挣值法三种。

2.3.1 价值工程法

价值工程（Value Engineering，简写 VE），又可称为价值分析（Value Analysis，简写 VA）、功能成本分析，是指以产品或作业的功能分析为核心，以提高产品或作业的价值为目的，力求以最低寿命周期成本实现产品或作业所需求的必要功能的一项有组织的创造性管理活动。价值工程研究的是在提高产品或作业功能的同时不增加成本，或在降低成本的同时不影响功能，把提高功能和降低成本统一在最佳方案之中。

（1）价值工程的基本原理

1) 价值工程的目标是力图以最低的寿命周期成本使产品或作业具有适当的价值，即使产品具备所必须具备的功能。

价值工程中所述的价值，是指产品或作业具有功能与取得该功能的总成本的比值，是对研究对象的功能和成本进行的一种综合评价。其表达式为：

$$V(价值) = \frac{F(功能)}{C(成本)} \tag{6-1}$$

价值工程涉及价值、功能和成本三要素。正确理解应用以上公式，需注意四点：

A. 价值不是从价值构成的角度来理解，而是从价值的功能角度出发，表现为功能与成本之比。

B. 功能是一种产品或作业所负担的职能和所起的作用，即理解为用户购买产品或作业，并不是购买其本身，而是购买它所具有的必要功能。功能过全、过高，会导致成本费用提高，而用户并不需要，从而造成功能过剩；反之，又会造成功能不足。

C. 成本不是一般意义上的成本，而是产品或作业全寿命周期的总成本，它不仅包括产品研制成本和生产后的储藏、流通、销售的各种费用，还包括整个使用过程的费用和残值。

D. 从价值工程观点看，一方面，用户购买产品或作业，都想买到物美价廉的产品或作业，因而必须考虑功能和成本的关系，即价值的高低；另一方面，又提示产品的生产者或作业的提供者，可以从下列途径提高产品或作业的价值：功能提高，成本降低；功能提高，成本不变；功能不变，成本降低；降低辅助功能，大幅度降低成本；功能大大提高，成本稍有提高。

2) 价值工程的核心是对产品或作业进行功能分析。

在项目设计时，要在对产品或作业进行结构分析的同时，还要对产品或作业的功能进行分析，从而确定必要功能和实现必要功能的最低成本方案。在项目施工时，也要在对工程结构、施工条件等进行分析的同时，还要对施工方案及其功能进行分析，以确定实现施工方案及其功能的最低施工成本计划。

价值工程将确保功能和降低成本作为一个整体同时来考虑，价值工程强调不断改革和创新，开辟新思路，开拓新途径，获得新方案，创造新功能，从而简化产品结构，节约原材料，提高产品的技术经济效益。

3) 价值工程以集体的智慧开展有计划、有组织的活动。

因为提高产品或作业的价值涉及到设计、制造、销售等环节，为此必须集中人才，依靠集体的智慧和力量，发挥各方面、各环节人员的积极性、创造性，有计划、有组织地开展活动。

(2) 价值系数的计算

价值工程研究的目的是产品或作业的功能与成本之间的最佳比例。因此，对产品或作业的功能描述、整理以及功能计算问题都是价值工程工作开展过程中的关键问题。特别是功能计算问题，由于功能本身大部分都没有量的概念，与成本无法进行直接的比较，因而必须采取一些特殊的方法对功能进行定量计算，然后与成本进行比较，才能计算出价值系数。

价值系数的计算按以下步骤进行：

1) 强制评分法（01 评分法）计算各个分部分项工程的功能系数

$$功能系数(F) = \frac{分部分项工程得分}{施工项目总得分} \qquad (6-2)$$

2) 计算各个分部分项工程的成本系数

$$成本系数(C) = \frac{分部分项工程成本}{施工项目总成本} \qquad (6-3)$$

3) 计算各个分部分项工程的价值系数

$$价值系数(V) = \frac{功能系数(F)}{成本系数(C)} \qquad (6-4)$$

(3) 价值工程的对象选择

我们应当选择价值系数低、降低成本潜力大的工程作为价值工程的对象，寻求对成本的有效降低。故价值分析的对象应以下述内容为重点：

1) 选择数量大，应用面广的构配件；
2) 选择成本高的工程和构配件；
3) 选择结构复杂的工程和构配件；
4) 选择体积与重量大的工程和构配件；
5) 选择对产品功能提高起关键作用的构配件；
6) 选择在使用中维修费用高、耗电量大或使用期的总费用较大的工程和构配件；
7) 选择畅销产品，以保持优势，提高竞争力；
8) 选择在施工（生产）中容易保证质量的工程和构配件；
9) 选择施工（生产）难度大、多花费材料和工时的工程和构配件；
10) 选择可利用新材料、新设备、新工艺、新结构及在科研上已有先进成果的工程和构配件。

分部工程成本表　　　表 6-2

分部工程名称	成本（元）	占总成本比例（%）
A	225000	15
B	600000	40
C	240000	16
D	360000	24
其他	75000	5
总计	1500000	100

【例 6-1】 某施工项目总成本为 1500000 元，各分部工程成本及其所占总成本比例见表 6-2。试确定施工项目进行价值工程的对象。

【解】

(1) 对分部工程进行强制评分，并根据式（6-2）计算各分部工程的功能系数，见表

6-3。

价值系数计算表　　　　　　　　　　　表6-3

分部工程名称	一对一比较结果					积分	功能系数 f	成本系数 c	价值系数 v
	A	B	C	D	其他				
A		1	0	1	1	3	0.25	0.15	1.67
B	1		0	1	1	3	0.25	0.40	0.63
C	1	0		0	1	2	0.17	0.16	1.06
D	1	0	1		1	3	0.25	0.24	1.04
其他	0	0	0	1		1	0.08	0.05	1.6
小　　计						12	1	1	

(2) 表6-2中各分部工程占施工项目总成本的比例即为各分部工程的成本系数，填入表6-3。

(3) 根据式（6-4）计算各分部工程的价值系数，填入表6-3。

(4) 确定价值工程的对象。由计算结果可知，各分部工程的价值系数存在以下三种情况：

1) 价值系数等于1或趋近于1，如C、D分部工程。表明该分部工程的功能与成本相适应，其价值是比较合理的，不作为价值工程的对象。

2) 价值系数大于1，如A分部工程及其他。说明A分部工程和其他的功能与成本不相适应，功能相对成本来说偏高，可能存在功能过剩，是否作为价值工程的对象，应视具体情况而定。

3) 价值系数小于1，如B分部工程。表明该分部的功能与成本不相适应，成本相对功能来说偏高，应作为价值工程的重点对象。

(4) 价值工程在施工成本控制中的应用

价值工程在施工成本控中应用主要内容如下：

1) 从控制施工项目的寿命周期费用出发，结合施工，研究工程设计的技术经济合理性，探索有无改进的可能，包括功能和成本两个方面，以提高施工项目的价值系数。降低成本，不仅仅是降低人工费、材料费、机械使用费等支出，同时，也可以通过价值工程来发现并消除工程设计中的不必要功能，达到降低成本，降低造价的目的。从表面看起来，这样做对施工项目并无益处，甚至还会因为降低了造价而减少收入，其实它所带来的有利影响是非常重要的。

2) 结合价值工程活动，进行技术经济分析，确定最佳的施工方案，达到降低施工成本，提高经济效益的目的。

2.3.2 量本利法

量本利法就是利用产量、成本和利润三者之间的关系，寻找出盈亏平衡点，利用盈亏平衡点来判断利润的大小和寻求降低成本，提高利润的途径。

$$利润 = 产量 \times 单价 - 可变成本 - 固定成本$$

变动成本与完成产量的多少有关，随产量增加而变动成本增加，随产量减少变动成本降低；固定成本与完成的产量多少无关。

2.3.3 挣值法

挣值法是通过"三个费用"、"二个偏差"和"二个绩效"的比较对施工成本实施控制。

(1) 三个费用

1) 已完成工作预算费用

已完成工作预算费用为 $BCWP$，是指在某一时间已经完成的工作（或部分工作）以批准认可的预算为标准所需要的资金总额，由于业主正是根据这个值为承包商完成的工作量支付相应的费用，也就是承包商获得（挣得）的金额，故称挣得值或挣值。

$$BCWP = 已完成工程量 \times 预算单价$$

2) 计划完成工作预算费用

计划完成工作预算费用，简称 $BCWS$，即根据施工进度计划，在某一时刻应当完成的工作（或部分工作），以预算为标准所需要的资金总额，一般来说，除非合同有变更，$BCWS$ 在工作实施过程中应保持不变。

$$BCWS = 计划工程量 \times 预算单价$$

3) 已完成工作实际费用

已完成工作实际费用，简称 $ACWP$，即到某一时刻为止，已完成的工作（或部分工作）所实际花费的总金额。

(2) 二个偏差

1) 费用偏差 CV：$CV = BCWP - ACWP$

当 CV 为负值时，即表示项目运行超出预算费用；当 CV 为正值时，表示项目运行节支，实际费用没有超出预算费用。

2) 进度偏差 SV：$SV = BCWP - BCWS$

当 SV 为负值时，表示进度延误，即实际进度落后计划进度，当 SV 为正值时，表示进度提前，即实际进度快于计划进度。

(3) 二个绩效

1) 费用绩效指数 CPI：$CPI = BCWP / ACWP$

当 $CPI < 1$ 时，表示超支，即实际费用高于预算费用；当 $CPI > 1$ 时，表示节支，即实际费用低于预算费用。

2) 进度绩效指数 SPI：$SPI = BCWP / BCWS$

当 $SPI < 1$ 时，表示进度延误，即实际进度比计划进度拖后，当 $SPI > 1$ 时，表示进度提前，即实际进度比计划进度快。

课题3 施工成本核算与分析

3.1 施工成本核算

施工成本核算是指按照规定开支范围对施工费用进行归集，计算出施工费用的实际发生额，并根据成本核算对象，采用适当的方法，计算出该施工项目的总成本和单位成本。

施工项目成本核算所提供的各种成本信息是施工成本预测、施工成本计划、施工成本控制、施工成本分析和施工成本考核等各个环节的依据。施工成本核算是成本管理中一个十分重要的环节，是施工项目管理中一个极其重要的子系统，也是施工项目管理最根本标志和主要工作内容。

为了发挥施工成本管理职能，提高施工技术水平和经营管理水平，施工成本核算就必须讲求质量，在进行施工成本核算时应遵守以下原则：客观性原则；相关性原则；一贯性原则；及时性原则；明晰性原则；权责发生原则；配比性原则；划分收益性支出和资本性支出原则；谨慎原则；分期核算原则；实际成本原则；重要性原则。

3.1.1 施工成本核算的对象与成本项目

（1）施工成本核算的对象

施工成本核算对象是指在计算施工成本时，确定归集和分配生产费用的具体对象，即生产费用承担的客体。合理地划分施工成本核算对象，是正确组织施工成本核算的前提条件。

确定施工成本核算对象一般有以下几种方法：

1）在一般情况下，应以每一独立编制施工图预算的单位工程为施工成本核算对象。

2）如果两个或两个以上施工单位共同承担一项单位工程施工任务的，以单位工程为施工成本核算对象，各自核算其自行施工的部分。

3）对于个别规模大、工期长的施工项目，可以结合经济责任制的需要，按一定的部位划分施工成本核算对象。

4）对于同一个施工项目，同一施工地点、结构类型相同、开竣工时间接近的几个单位工程，可以合并为一个施工成本核算对象。

5）改、扩建的零星工程，可以将开竣工时间接近、属于同一施工项目的几个单位工程合并为一个施工成本核算对象。

6）土石方工程、打桩工程，可以根据实际情况和管理需要，以一个单位工程作为施工成本核算对象，或将同一施工地点的若干个工程量较小的单位工程合并作为一个施工成本核算对象。

施工成本核算对象一旦确定以后，在施工成本核算过程中不能随意变更。所有原始记录都必须按照确定的施工成本核算对象填写清楚，以便于归集和分配施工生产费用。为了集中反映和计算各个施工成本核算对象本期应负担的施工费用，财会部门应该为每一施工成本核算对象设置施工成本明细账，并按成本项目分设专栏来组织施工成本核算。

（2）施工成本核算的成本项目

施工成本核算的成本项目根据施工成本的构成，它包括直接费和间接费。

直接费包括直接工程费和措施费，直接工程费包括人工费、材料费和机械使用费，措施费包括技术措施费和组织措施费；间接费包括规费和企业管理费。

1）直接费

由直接工程费和措施费组成。

A. 直接工程费：是指施工过程中耗费的构成工程实体的各项费用，包括人工费、材料费、施工机械使用费。

人工费是指直接从事建筑安装工程施工的生产工人开支的各项费用，内容包括：

a. 基本工资：是指发放给生产工人的基本工资。
　　b. 工资性补贴：是指按规定标准发放的物价补贴，煤、燃气补贴，交通补贴，住房补贴，流动施工津贴等。
　　c. 生产工人辅助工资：是指生产工人年有效施工天数以外非作业天数的工资，包括职工学习、培训期间的工资，调动工作、探亲、休假期间的工资，因气候影响的停工工资，女工哺乳时间的工资，病假在六个月以内的工资及产、婚、丧假期的工资。
　　d. 职工福利费：是指按规定标准计提的职工福利费。
　　e. 生产工人劳动保护费：是指按规定标准发放的劳动保护用品的购置费及修理费，徒工服装补贴，防暑降温费，在有碍身体健康环境中施工的保健费用等。
　　材料费是指施工过程中耗费的构成工程实体的原材料、辅助材料、构配件、零件、半成品的费用。内容包括：
　　a. 材料原价（或供应价格）。
　　b. 材料运杂费：是指材料自来源地至工地仓库或指定堆放地点所发生的全部费用。
　　c. 运输损耗费：是指材料在运输装卸过程中不可避免的损耗。
　　d. 采购及保管费：是指为组织采购、供应和保管材料过程中所需要的各项费用。
　　包括：采购费、仓储费、工地保管费、仓储损耗。
　　e. 检验试验费：是指对建筑材料、构件和建筑安装物进行一般鉴定、检查所发生的费用，包括自设试验室进行试验所耗用的材料和化学药品等费用。不包括新结构、新材料的试验费和建设单位对具有出厂合格证明的材料进行检验，对构件做破坏性试验及其他特殊要求检验试验的费用。
　　施工机械使用费是指施工机械作业所发生的机械使用费以及机械安拆费和场外运费。施工机械台班单价应由下列七项费用组成：
　　a. 折旧费：指施工机械在规定的使用年限内，陆续收回其原值及购置资金的时间价值。
　　b. 大修理费：指施工机械按规定的大修理间隔台班进行必要的大修理，以恢复其正常功能所需的费用。
　　c. 经常修理费：指施工机械除大修理以外的各级保养和临时故障排除所需的费用。包括为保障机械正常运转所需替换设备与随机配备工具附具的摊销和维护费用，机械运转中日常保养所需润滑与擦拭的材料费用及机械停滞期间的维护和保养费用等。
　　d. 安拆费及场外运费：安拆费指施工机械在现场进行安装与拆卸所需的人工、材料、机械和试运转费用以及机械辅助设施的折旧、搭设、拆除等费用；场外运费指施工机械整体或分体自停放地点运至施工现场或由一施工地点运至另一施工地点的运输、装卸、辅助材料及架线等费用。
　　e. 人工费：指机上司机（司炉）和其他操作人员的工作日人工费及上述人员在施工机械规定的年工作台班以外的人工费。
　　f. 燃料动力费：指施工机械在运转作业中所消耗的固体燃料（煤、木柴）、液体燃料（汽油、柴油）及水、电等。
　　g. 养路费及车船使用税：指施工机械按照国家规定和有关部门规定应缴纳的养路费、车船使用税、保险费及年检费等。

B.措施费：是指为完成工程项目施工，发生于该工程施工前和施工过程中非工程实体项目的费用。包括内容：

a.环境保护费：是指施工现场为达到环保部门要求所需要的各项费用。

b.文明施工费：是指施工现场文明施工所需要的各项费用。

c.安全施工费：是指施工现场安全施工所需要的各项费用。

d.临时设施费：是指施工企业为进行建筑工程施工所必须搭设的生活和生产用的临时建筑物、构筑物和其他临时设施费用等。

临时设施包括：临时宿舍、文化福利及公用事业房屋与构筑物，仓库、办公室、加工厂以及规定范围内道路、水、电、管线等临时设施和小型临时设施。

临时设施费用包括：临时设施的搭设、维修、拆除费或摊销费。

e.夜间施工费：是指因夜间施工所发生的夜班补助费、夜间施工降效、夜间施工照明设备摊销及照明用电等费用。

f.二次搬运费：是指因施工场地狭小等特殊情况而发生的二次搬运费用。

g.大型机械设备进出场及安拆费：是指机械整体或分体自停放场地运至施工现场或由一个施工地点运至另一个施工地点，所发生的机械进出场运输及转移费用及机械在施工现场进行安装、拆卸所需的人工费、材料费、机械费、试运转费和安装所需的辅助设施的费用。

h.混凝土、钢筋混凝土模板及支架费：是指混凝土施工过程中需要的各种钢模板、木模板、支架等的支、拆、运输费用及模板、支架的摊销（或租赁）费用。

i.脚手架费：是指施工需要的各种脚手架搭、拆、运输费用及脚手架的摊销（或租赁）费用。

j.已完工程及设备保护费：是指竣工验收前，对已完工程及设备进行保护所需费用。

k.施工排水、降水费：是指为确保工程在正常条件下施工，采取各种排水、降水措施所发生的各种费用。

对施工成本项目的划分应在所有场合统一。无论是在施工成本预测、施工成本计划，还是在施工成本控制和施工成本分析阶段，按照统一的施工成本项目划分，可更好地发挥标准化科学管理的作用。

3.1.2 施工成本核算的任务与方法

（1）施工成本核算的任务

鉴于施工项目成本核算在施工项目成本管理中所处的重要地位，施工成本核算应完成以下基本任务：

1）执行国家有关成本开支范围、费用开支标准、工程预算和施工预算成本计划的有关规定，控制费用，促使项目合理、节约使用人力、物力和财力。这是施工项目成本核算的先决前提和首要任务。

2）正确及时核算施工过程中发生的各项生产费用，计算施工项目的实际成本。这是施工项目成本核算的主体和中心任务。

3）反映和监督施工成本及施工成本计划的完成情况。为施工项目成本预测，参与施工项目施工生产和经营管理提供可靠的信息资料，促进项目不断提高施工技术水平，改善经营管理，降低成本，提高经济效益。这是施工项目成本核算的根本目的。

为了圆满地达到施工项目成本管理和核算目的，正确及时地核算施工项目成本，提供对决策有用的成本信息，提高施工项目成本管理水平，在施工项目成本核算中要遵守以下基本要求：

A. 划清成本、费用支出和非成本、费用支出界限。这是指划清不同性质的支出，即划清资本性支出和收益性支出与其他支出，营业支出与营业外支出的界限。这个界限，也就是成本开支范围的界限。企业为取得本期收益而在本期内发生的各项支出，根据配比原则，应全部作为本期的成本或费用。只有这样才能保证在一定时期内不会虚增或少记成本和费用。至于企业的营业外支出，是与企业施工生产经营无关的支出，所以不能构成工程成本。《企业会计准则》第54条指出："营业外收支净额是指与企业生产经营没有直接关系的各种营业外收入减去营业外支出后的余额"。所以如误将营业外收支作为营业收支处理，就会虚增或少记企业营业（工程）成本或费用。

由此可见，划清不同性质的支出是正确计算施工项目成本的前提条件。

B. 正确划分各种成本、费用的界限。这是指对允许列入成本、费用开支范围的费用支出，在核算上应划清以下几个界限：

a. 划清施工项目工程成本和期间费用的界限。施工项目成本相当于工业产品的制造成本或营业成本。财务制度规定：为工程施工发生的各项直接支出，包括人工费、材料费、机械使用费、其他直接费，直接计入工程成本。为工程施工而发生的各项施工间接费（间接成本）分配计入工程成本。同时又规定：企业行政管理部门为组织和管理施工生产经营活动而发生的管理费用和财务费用应当作为期间费用，直接计入当期损益。可见期间费用与施工生产经营没有直接联系，费用的发生基本不受业务量增减所影响。在"制造成本法"下，它不是施工项目成本的一部分。所以正确划清两者的界限，是确保项目成本核算正确的重要条件。

b. 划清本期工程成本与下期工程成本的界限。根据分期成本核算的原则，成本核算要划分本期工程成本和下期工程成本，前者是指应由本期工程负担的生产耗费，不论其收付发生是否在本期，应全部计入本期的工程成本之中；后者是指不应由本期工程负担的生产耗资，不论其是否在本期内发生收付，均不能计入本期工程成本。划清两者的界限，对于正确计算本期工程的成本是十分重要的。

c. 划清不同成本核算对象之间的成本界限。是指要求各个成本核算对象的成本，不得互相混淆，否则就会失去成本核算和管理的意义。造成成本不实，歪曲成本信息，引起决策上的重大失误。

d. 划清未完成工程成本与已完工程成本的界限。施工项目成本的真实程度取决于未完施工和已完工程成本界限的正确划分，以及未完施工和已完施工成本计算方法的正确程度，按月结算方式下的期末未完施工，要求项目在期末应对未完施工进行盘点，按照预算定额规定的工序，折合成已完分部分项工程量。再按照未完施工成本计算公式计算未完分部分项目工程成本。

竣工后一次结算方式下的期末未完施工成本，就是该成本核算对象成本明细账所反映的自开工起至期末止发生的工程累计成本。

本期已完工程实际成本根据期初未完施工成本，本期实际发生的生产费用和期末未完施工成本进行计算。采取竣工后一次结算的工程，其已完工程的实际成本就是该工程自开工起至期末止所发生的工程累计成本。

上述几个成本费用界限的划分过程。实际上也是成本计算过程、只有划分清楚成本的界限，施工项目成本核算才能正确，这些费用划分得是否正确，是检查评价项目成本核算是否遵循基本核算原则的重要标志。但应该指出，不能将成本费用界限划分的做法过于绝对化，因为有这些费用的分配方法具有一定的假定性。成本费用界限划分只能做到相对正确，片面地花费大量人力物力来追求成本划分的绝对精确是不符合成本效益原则的。

C. 加强成本核算的基础工作

a. 建立各种财产物资的收发、领退、转移、报废、清查、盘点、索赔制度。

b. 建立、健全与成本核算有关的各项原始记录和工程量统计制度。

c. 制订或修订工时、材料、费用等各项内部消耗定额以及材料、结构件、作业、劳务的内部结算指导价。

d. 完善各种计量检测设施，严格计量检验制度，使项目成本核算具有可靠的基础。

D. 项目成本核算必须有账有据

成本核算中要运用大量数据资料，这些数据资料的来源必须真实，准确，完整，及时。一定要以审核无误，手续齐备的原始凭证为依据，同时，还要根据内部管理和编制报表的需要，按照成本核算对象、成本项目、费用项目进行分类、归集，因此要设置必要的生产费用账册（正式成本账）进行登记，并增设必要的成本辅助台账。

施工成本核算需要注意的问题：

a. 及时收回工程款

项目应按合同有关条款，及时、足额地收回工程款。项目一般按施工成本收入占合同造价的比例分解和上交资金，具体按各单位的相关规定执行。

项目与企业之间对资金的相互占用，应以内部银行的方式分清对资金使用的主导权，相互合理分割、确保上交、有偿拆借、超期赔偿的方式，建立内部的信贷机制。

项目应按各单位的资金支付的审核、批准程序，办理正规的资金支付和使用手续。

b. 建立内部模拟要素市场

项目和企业要加大对材料采购和机械设备的租赁管理，建立内部模拟要素市场，根据料具和机械设备管理的规定和管理办法，制定员工劳动管理办法，制定材料采购、供应管理办法，制定周转材料工具租赁管理办法，制定机械设备租赁管理办法等配套文件，支持项目施工成本核算工作的开展。

c. 加强资金管理

开展项目施工成本核算，对成本和费用控制来讲，项目施工通过贯彻"项目经理责任制"和"项目施工成本核算制"控制成本，公司通过预算控制费用。通过"两制"和预算方式，使整个开支都处于受控状态。

对资金管理，也应纳入"项目经理责任制"和"项目施工成本核算制"内容并加以管理。对工程款依据项目承包总额收入占工程报价的比例，分解生产用资金和非生产用资金，完成资金的初次分配。对分解的非生产资金依据预算和其他指标，所属的各管理层次完成再分配，使各项资金在企业的各个层次实现有序的流动和合理的分割，克服资金管理上分解不清和权力不明的问题。

(2) 施工成本核算的方法

施工项目成本核算是在项目法施工条件下诞生的，是企业探索适合施工项目管理方式的重要体现。它是建立在企业管理方式和管理水平基础上，适合施工企业特点的降低成本开支、提高利润水平的重要途径。

施工成本核算的方法，主要有会计核算、业务核算、统计核算三种，以会计核算为主。

1) 会计核算

会计核算主要是价值核算。会计是对一定单位的经济业务进行计量、记录、分析和检查，做出预测，参与决策，实行监督，旨在实现最优经济效益的一种管理活动。它通过设置账户、复式记账、填制和审核凭证、登记账簿、成本计算、财产清查和编制会计报表等一系列有组织、有系统的方法，来记录企业的一切生产经营活动，然后据以提出一些用货币来反映的有关各种综合性经济指标的数据。资产、负债、所有者权益、营业收入、成本、利润等会计六要素指标，主要是通过会计来核算。至于其他指标，会计核算的记录中也是可以有所反映的，但在反映的广度和深度上有很大的局限性，一般不用会计核算来反映。由于会计记录具有连续性、系统性、综合性等特点，所以它是施工成本分析的重要依据。

2) 业务核算

业务核算是各业务部门根据业务工作的需要而建立的核算制度，它包括原始记录和计算登记表，如单位工程及分部分项工程进度登记，质量登记，工效、定额计算登记，物资消耗定额记录，测试记录等等。业务核算的范围比会计、统计核算要广，会计和统计核算一般是对已经发生的经济活动进行核算，而业务核算，不但可以对已经发生的，而且还可以对尚未发生或正在发生的经济活动进行核算，看是否可以做，是否有经济效果。它的特点是，对个别的经济业务进行单项核算。只有记载单一的事项，最多是略有整理或稍加归类，不求提供综合性、总括性指标。核算范围不太固定，方法也很灵活，不像会计核算和统计核算那样有一套特定的系统的方法。例如各种技术措施、新工艺等项目，可以核算已经完成的项目是否达到原定的目的，取得以预期的效果，也可以对准备采取措施的项目进行核算和审查，看是否有效果，值不值得采纳，随时都可以进行。业务核算的目的，在于迅速取得资料，在经济活动中及时采取措施进行调整。

3) 统计核算

统计核算是利用会计核算资料和业务核算资料，把企业生产经营活动客观现状的大量数据，按统计方法加以系统整理，表明其规律性。它的计量尺度比会计宽，可以用货币计算，也可以用实物或劳动量计量。它通过全国调查和抽样调查等特有的方法，不仅能提供绝对数指标，还能提供相对数和平均数指标，可以计算当前的实际水平，确定变动速度，可以预测发展的趋势。统计除了主要研究大量的经济现象以外，也很重视个别先进事例与典型事例的研究。有时，为了使研究的对象更有典型性和代表性，还把一些偶然性的因素或次要的枝节问题予以剔除；为了对主要问题进行深入分析，不一定要求对企业的全部经济活动做出完整、全面、时序的反映。

3.2 施工成本分析

施工成本分析，就是根据会计核算、业务核算和统计核算提供的资料，对施工成本的形成过程和影响成本升降的因素进行分析。为了实现项目的成本控制目标，保质保量地完成施工任务，项目管理人员必须进行施工成本分析。施工成本分析可检查成本开支中是否严格遵守成本开支范围和费用开支标准，有无铺张浪费等情况。通过施工成本分析，可以检查目标成本降低额的控制和实现程度及其合理程度，可以检查成本计划的完成情况，分析节约、超支的原因，找出影响成本升降的有利和不利因素，将这些信息反馈到项目施工和项目管理部门，及时采取措施，挖掘各方面、各环节降低成本的潜力，提高企业经营管理水平。

3.2.1 施工成本分析应遵守的原则

（1）要实事求是原则

在施工成本分析当中，必然会涉及一些人和事，也会有表扬和批评。受表扬的固然高兴，受批评的未必都能做到"闻过则喜"，而常常会有一些不愉快的场面出现，乃至影响施工成本分析的效果。因此，施工成本分析一定要有充分的事实依据，应用"一分为二"的辩证方法，对事物进行实事求是的评价，并要尽可能做到措辞恰当，能为绝大多数人所接受。

（2）要用数据说话原则

施工成本分析要充分利用会计核算、业务核算、统计核算和有关辅助记录（台账）的数据进行定量分析，尽量避免抽象的定性分析。定量分析对事物的评价更为精确，更令人信服。

（3）要注意时效原则

也就是要做到施工成本分析及时，发现问题及时，解决问题及时。否则，就有可能贻误解决问题的最好时机，甚至造成问题成堆，积重难返，发生难以挽回的损失。

（4）要为生产经营服务的原则

施工成本分析不仅要揭露矛盾，而且要分析矛盾产生的原因，并为解决矛盾献计献策，提出积极有效的解决矛盾的合理化建议。这样的施工成本分析必然会深得人心，从而受到项目经理和有关项目管理人员的配合和支持，使施工成本分析更健康地开展下去。

3.2.2 施工成本分析的内容

从施工成本分析应为生产经营服务的角度出发，施工成本分析应与施工成本核算对象的划分同步。一般而言，施工成本分析主要包括以下几个方面：

（1）随着项目施工的进展而进行的成本分析，包括：分部分项工程成本分析；月（季）度成本分析；年度成本分析；竣工成本分析。

（2）按目标成本项目进行的成本分析，包括：人工费分析；材料费分析；机械使用费分析；其他直接费分析；间接成本分析。

（3）针对专项成本事项进行的成本分析，包括：成本盈亏异常分析；工期成本分析；质量成本分析；资金成本分析；技术组织措施节约效果分析；其他有利因素和不利因素对成本影响的分析。

由于施工成本涉及范围很广，需要分析的内容很多，应该在不同的情况下采取不同的分析方法，施工成本分析基本方法主要有：比较法、因素分析法、差额分析法、比率法等。

3.2.3 施工成本分析的方法

（1）比较法

比较法，又称指标对比分析法，就是通过技术经济指标的对比，检查目标的完成情况，分析产生差异的原因，进而挖掘内部潜力的方法。这种方法具有通俗易懂、简单易行、便于掌握的特点，因而得到广泛的应用，但在应用时必须注意各技术经济指标的可比性。比较法的应用，通常有下列形式：

1）将实际指标与目标指标对比。以此检查目标完成情况，分析影响完成目标的积极因素和消极因素，以便及时采取措施，保证成本目标的实现。在进行实际指标与目标指标对比时，还应注意目标本身有无问题，如果目标本身出现问题，则应调整目标，重新正确评价实际工作的成绩。

2）本期实际指标与上期实际指标对比。通过这种对比，可以看出各项技术经济指标的变动情况，反映施工管理水平的提高程度。

3）与本行业平均水平、先进水平对比。通过这种对比，可以反映本项目的技术管理和经济管理与行业的平均水平和先进水平的差距，进而采取措施赶超先进水平。

以上三种对比，可以在一张表上同时反映出来。

【例 6-2】 某施工项目 2004 年度节约"三材"的目标为 120 万元，实际节约 130 万元，2003 年节约 100 万元，本企业先进水平节约 150 万元。试编制分析表。

【解】 根据所给资料，编制分析表，见表 6-4。

实际指标与目标指标、上期指标、先进水平对比表　单位：万元　　表 6-4

指标	2004 年计划数	2003 年实际数	企业先进水平	2004 年实际数	差异数		
					2004 年与计划比	2004 年与 2003 年比	2004 年与先进比
"三材"节约额	120	100	150	130	10	30	-20

（2）因素分析法

因素分析法又称连环置换法。这种方法可用来分析各种因素对成本的影响程度。在进行分析时，首先要假定众多因素中的一个因素发生了变化，而其他因素则不变，然后逐个替换，分别比较其计算结果，以确定各个因素的变化对成本的影响程度。

因素分析法的计算步骤如下：

1）确定分析对象（即所分析的技术经济指标），并计算出实际数与目标数的差异；

2）确定该指标是由哪几个因素组成的，并按其相互关系进行排序；

3）以目标数为基础，将各因素的目标数相乘，作为分析替代的基数；

4）将各个因素的实际数按照上面的排列顺序进行替换计算，并将替换后的实际数保留下来；

5）将每次替换计算所得的结果，与前一次的计算结果相比较，两者的差异即为该因素的成本影响程度；

6）各个因素的影响程度之和，应与分析对象的总差异相等。

必须指出，在应用因素分析法进行成本分析时，各个因素的排列顺序应该固定不变。

否则，就会得出不同的计算结果，也会产生不同的结论。

【例 6-3】 某钢筋混凝土框剪结构工程施工，采用 C40 商品混凝土，标准层一层目标成本为 166860 元，实际成本为 176715 元，比目标成本增加了 9855 元，其他有关资料见表 6-5。试用因素分析法分析其成本增加的原因。

目标成本与实际成本对比表　　　　　　　　　　　　　　　　　　　表 6-5

项　目	单　位	计　划	实　际	
产　量	m³	600	630	+30
单　价	元/m³	270	275	+5
损耗率	%	3	2	-1
成　本	元	166860	176715	9855

【解】：

(1) 分析对象是浇筑一层结构商品混凝土的成本，实际成本与目标成本的差额为 9855 元。

(2) 该指标是由产量、单价、损耗率三个因素组成的，其排序见表 6-5。

(3) 目标数 166860（600×270×1.03）为分析替代的基础。

(4) 替换：

第一次替换：产量因素，以 630 替代 600，得 630×270×1.03=175203 元。

第二次替换：单价因素，以 275 替代 270，并保留上次替换后的值，得 630×275×1.03=178447.5 元。

第三次替换：损耗率因素，以 1.02 替代 1.03，并保留上两次替换后的值，得 630×275×1.02=176715 元。

(5) 计算差额

第一次替换与目标数的差额=175203-166860=8343 元。

第二次替换与第一次替换的差额=178447.5-175203=3244.5 元。

第三次替换与第二次替换的差额=176715-178447.5=-1732.5 元。

产量增加使成本增加了 8343 元，单价提高使成本增加了 3244.5 元，损耗率下降使成本减少了 1732.5 元。

(6) 各因素和影响程度之和=8343+3244.5-1732.5=9855 元，与实际成本和目标成本的总差额相等。

为了使用方便，也可以通过运用因素分析表求出各因素的变动对实际成本的影响程度，其具体形式见表 6-6。

C40 商品混凝土成本变动因素分析　单位：元　　　　　　　　　　　表 6-6

顺　序	循环替换计算	差　异	因　素　分　析
计划数	600×270×1.03=166860		
第一次替换	630×270×1.03=175203	8343	由于产量增加 30m³，成本增加 8343 元
第二次替换	630×275×1.03=178447.5	3244.5	由于单价提高 5 元/m³，成本增加 3244.5 元
第三次替换	630×275×1.02=1756715	-1732.5	由于损耗率下降 1%，成本减少 1732.5 元
合　计	8343+3244.5-1732.5=9855	9855	

(3) 差额分析法

117

差额分析法是因素分析法的一种简化形式，它利用各个因素的目标值与实际值的差额来计算其对成本的影响程度。

【例 6-4】 某施工项目某月的实际成本降低额比目标值提高了 4.4 万元，其他有关资料见表 6-7。试用差额分析法来分析预算成本、成本降低率对成本降低额的影响程度。

降低成本计划与实际对比表　　　　　　　　　　表 6-7

项　目	单　位	计　划	实　际	差　异
预算成本	万元	240	280	+40
成本降低率	%	4	5	+1
成本降低额	万元	9.6	14	+4.4

【解】：

（1）预算成本增加对成本降低额的影响程度：

$$(280-240)\times 4\% = 1.6（万元）$$

（2）成本降低率提高对成本降低额的影响程度：

$$(5\%-4\%)\times 280 = 2.8（万元）$$

（3）以上两项合计 1.6 + 2.8 = 4.4（万元）

（4）比率法

比率法是指用两个以上的指标的比例进行分析的方法。它的基本特点是：先把对比分析的数值变成相对数，再观察其相互之间的关系。常用的比率法有以下几种：

1）相关比率法：由于项目经济活动的各个方面是相互联系，相互依存，又相互影响的，因而可以将两个性质不同而又相关的指标加以对比，求出比率，并以此来考察经营成果的好坏。例如：产值和工资是两个不同的概念，但它们的关系又是投入与产出的关系。在一般情况下，都希望以最少的工资支出完成最大的产值。因此，用产值工资率指标来考核人工费的支出水平，就很能说明问题。

2）构成比率法：又称比重分析法或结构对比分析法。通过构成比率，可以考察成本总量的构成情况及各成本项目占成本总量的比重，同时也可看出量、本、利的比例关系（即预算成本、实际成本和降低成本的比例关系），从而为寻求降低成本的途径指明方向，见表 6-8。

成本构成比例分析表　　单位：万元　　　　　　　表 6-8

成本项目	预算成本		实际成本		降低成本		
	金额	比重	金额	比重	金额	占本项%	占总量%
一、直接成本	1263.79	93.20	1200.31	92.38	63.48	5.02	4.68
1. 人工费	113.36	8.36	119.28	9.18	-5.92	-1.09	-0.44
2. 材料费	1003.56	74.23	939.67	72.32	66.89	6.65	4.93
3. 机械使用费	87.60	6.46	89.65	6.90	-2.05	-2.34	-0.15
4. 其他直接费	56.27	4.15	51.71	3.98	4.56	8.10	0.34
二、间接成本	92.21	6.80	99.01	7.62	-6.80	-7.37	0.50
成本总量	1356.00	100.00	1299.32	100.00	56.68	4.18	4.18
量本利比例（%）	100.00		95.82		4.18		

3）动态比率法：动态比率法就是将同类指标不同时期的数值进行对比，求出比率，

以分析该项指标的发展方向和发展速度。动态比率的计算，通常采用基期指数和环比指数两种方法，见表 6-9。

指标动态比较表　　　　　　　　　　　　　表 6-9

指　标	第一季度	第二季度	第三季度	第四季度
降低成本（万元）	40.50	43.80	48.30	57.80
基期指数（%）（一季度 100）		108.15	119.26	142.72
环比指数（%）（上一季度 100）		108.15	110.27	119.67

实 训 课 题

实训 1. 根据施工工程的实际情况或某个分部分项工程进行成本分析。

实训 2. 某实际工程的降低成本措施如下，请根据当地的实际情况再进行挖潜。

（1）对分部分项工程进行技术交底，规定操作工序，执行质量管理制度，减少返工以降低工程成本。

（2）加强施工期间定额管理，实行限额领料制度，减少材料损耗。在定额损耗限额内，实行少耗有奖、多耗要罚的措施。

（3）采用框架柱预埋拉筋、预留管道堵孔新技术，采用早拆型钢木竹结构模板体系，采用悬挑钢管扣件脚手技术，提高周转材料的周转次数，节约施工投入。

（4）在混凝土中应加入外加剂，以节约水泥，降低成本。

（5）钢筋水平接头采用对焊，竖向接头采用电渣压力焊。

（6）利用原有旧房作部分临时设施，采用双层床架以减少临设费用，施工高峰期临设利用新建楼层统一安排施工用房。

实训 3. 材料费项目进行成本分析

1. 背景资料

某工程单位建筑面积材料费见表 6-10

建筑面积材料费　　　　　　　　　　　　　表 6-10

材料名称	每平方米建筑面积材料用量		材　料　单　价	
	计　划	实　际	计　划	实　际
甲	0.60m³	0.55m³	410 元/m³	400 元/m³
乙	0.40m³	0.45m³	200 元/m³	210 元/m³
丙	3.50kg	3.20kg	15 元/kg	16 元/kg

2. 问题

试对材料费项目进行成本分析。

3. 答案

（1）材料用量对单位建筑面积材料费的影响

甲材料：$(0.55-0.60) \times 410 = -20.50$（元）

乙材料：$(0.45-0.40) \times 200 = +10.00$（元）

丙材料：$(3.20-3.50) \times 15 = -4.50$（元）

　　　　　　　　　　　　　　　　-15.00（元）

（2）材料价格对单位建筑面积材料费的影响

甲材料：（400－410）×0.55＝－5.50（元）
乙材料：（210－200）×0.45＝＋4.50（元）
丙材料：（16－15）×3.2＝＋3.20（元）
　　　　　　　　　　　　　＋2.20（元）

根据以上成本分析计算，该工程单位建筑面积材料费实际比计划降低12.8元（－15.00＋2.20＝－12.8）。

4. 分析

（1）施工成本分析基本方法有四种：

1）比较法

2）因素分析法

3）差额分析法

4）比率法

本案例采用的是因素分析法。

（2）影响施工成本的因素有很多，要逐个进行分析，才能找出影响施工成本升降的有利因素和不利因素，采取措施，以达到降低施工成本，提高经济效益的目的。

复习思考题

1. 什么是施工成本管理？
2. 搞好施工成本管理有哪些重要意义？
3. 施工成本管理的目的是什么？
4. 什么是施工成本控制？
5. 施工成本控制的对象是什么？
6. 施工成本控制的步骤是什么？
7. 施工成本控制有哪些方法？
8. 什么是施工成本核算？
9. 施工成本核算的成本项目有哪些？
10. 施工成本核算的任务是什么？
11. 施工成本核算有哪些方法？
12. 什么是施工成本分析？
13. 施工成本核算有哪些基本方法？
14. 某施工项目总成本为2800000元，各分部工程及其所占总成本比例、各分部工程功能得分见表6-11。试确定施工项目进行价值工程的对象。

表6-11

分部工程名称	成本（元）	占总成本的比例（％）	功能得分	分部工程名称	成本（元）	占总成本的比例（％）	功能得分
地基与基础工程	504000	18	3	装修工程	840000	30	4
主体工程	1092000	39	5	其他	84000	3	1
屋面工程	280000	10	3	总计	2800000	100	16

15. 某外墙装饰涂料工程施工,目标成本为1081500元,实际成本为1102500元,比目标成本增加了21000元,其他有关资料见表6-12。试用因素分析法分析其成本增加的原因。

16. 某施工项目施工的实际成本降低额比目标值提高了6.6万元,其他有关资料见表6-13。试用差额分析法分析预算成本、成本降低率对成本降低额的影响程度。

表 6-12

项 目	单 位	计 划	实 际
产 量	m²	10000	10500
单 价	元/m²	105	100
损耗率	%	3	5
成 本	元	1081500	1102500

表 6-13

项 目	单 位	计 划	实 际	差 异
预算成本	万元	1000	1080	+80
成本降低率	%	1.5	2	+0.5
成本降低额	万元	15	21.6	+6.6

单元 7 施工项目信息管理

知 识 点：施工项目信息的内容及管理的方法。
教学目标：要求学生了解信息管理的基本概念；了解信息编码的方法；了解信息的处理方式；初步掌握施工项目信息的内容及收集方法；了解施工项目管理信息化的意义。

课题1 信息管理概述

1.1 信息管理的基本概念

信息指的是用口头的方式、书面的方式或电子的方式传输（传达、传递）的知识、新闻、可靠的或不可靠的情报。声音、文字、数字和图像等都是信息表达的形式。项目的实施需要人力资源和物质资源，信息也是项目实施的重要资源之一。

信息管理是指信息传输的合理的组织和控制，即信息的收集、加工整理、传递、存储、应用等工作的总称。信息管理就是采取人工决策和计算机辅助管理相结合的手段，特别是利用先进的信息存储，处理设备，如电子计算机等及时准确地收集、处理、传递和存储大量的数据，并进行动态分析，达到高效、迅速、准确完成工作的目的。

据国际有关文献资料介绍，建设工程项目实施过程中存在的诸多问题，其中三分之二与信息交流（信息沟通）的问题有关，建设工程项目10%~33%的费用增加与信息交流存在的问题有关，在大型建设工程项目中，信息交流的问题导致工程变更和工程实施的错误约占工程总成本的3%~5%。由此可见信息管理的重要性。

1.2 信息管理的基本内容

项目信息管理主要包括以下三项内容：建立项目信息流程，建立项目信息编码系统，利用高效的信息处理手段处理项目信息。

1.2.1 建立信息管理流程

信息流程反映了工作进行过程中，各参与单位、部门、人员之间的关系。为保证工作的顺利进行，信息管理人员应首先明确项目信息流程，使项目信息在项目管理机构内部上下级之间及项目管理组织与外部环境之间的流动畅通无阻。也就是说项目信息管理流程的建立包括两方面的内容：项目内部的信息管理流程和项目与外部环境间的信息管理流程。

（1）项目内部的信息管理流程

项目管理组织内部存在着三种信息流程：一是自上而下的信息流程；二是自下而上的信息流程；三是各管理部门横向间的信息流程。这三种信息流程畅通无阻，才能保证项目管理工作的顺利实施。

1) 自上而下的信息流程。这类信息流程主要指从项目经理开始，流向中层项目管理人员和基层项目管理人员的信息。信息接收者是下级，这些信息主要包括项目管理目标、管理任务、管理制度、规范规定、指令、办法和业务指导意见。

2) 自下而上的信息流程。这类信息流程是指从基层项目管理人员开始，流向中层项目管理人员及项目经理的信息。信息接受者是上级。这些信息主要是项目实施情况和项目管理工作完成情况，包括进度控制、质量控制、投资控制和安全生产及管理工作人员的工作情况等，还包括基层管理人员对上级有关部门关于项目管理和控制情况的意见和建议等。

3) 横向的信息流程。这类信息流程主要是指在建设项目管理工作中，处在同一层次上的职能部门和管理人员之间相互提供和接收的信息。这些信息是由于各部门之间，为了实现管理的共同目标，在同一层次上相互协作、互相配合、互通有无或补充而产生的信息。在一些特殊情况下，为节省信息流通时间，有时各部门之间也需要横向提供信息。

上述三种信息流都有明晰的流线，并都要畅通。但在实际工作中，往往是自下而上的信息流比较畅通，而自上而下的信息流流量不够，这一点我们应充分重视。

(2) 项目与外部环境间的信息管理流程

项目与外部环境间的信息管理流程的建立有两种形式：一是传统的点对点的信息流程；另一是PIP方式，即信息集中存储并共享。（见图7-1）对于前者，优点在于各点之间能够迅速、直接的进行信息交流，缺点在于各自为政，难以对信息进行有效的管理；对于后者，优点在于信息的交流对象比较固定，信息能够进行集中的加工整理，缺点在于信息的交流是间接的，且中枢PIP出问题后，整个信息管理系统即崩溃了。

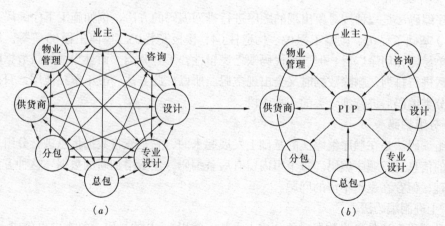

图 7-1 项目与外部环境间的信息管理流程示意图
(a) 点对点的信息流程示意图；(b) PIP方式示意图

应该注意的是：信息流是双向的，即要有信息反馈。在工作中，应用好信息反馈方法，同时应注意以下几点：

1) 信息反馈应贯穿于项目的全过程，仅依靠一次反馈不可能解决所有问题；

2) 反馈速度应大于客体变化速度,且修正要及时;
3) 力争做到超前反馈,即对客体的变化要有预见性。

1.2.2 建立信息编码系统

项目信息编码也称代码设计,它是给事物提供一个概念清楚的标识,用以代表事物的名称、属性和状态。代码有两个作用:一是便于对数据进行存储、加工和检索。二是可以提高数据的处理效率和精度。此外,对信息进行编码,还可以大大节省存储空间。在项目管理工作中,会涉及到大量的信息如文字、报表、图纸、声像等,在对数据进行处理时,都需要建立数据编码系统。这不仅在一定程度上减少项目管理工作的工作量,而且大大提高项目管理工作的效率。对于大中型项目,没有计算机辅助管理是难以想象的,而没有适当的信息编码系统,计算机的辅助管理的作用也难以发挥。

(1) 信息编码的原则

信息编码是管理工作的基础,进行信息编码时要遵循以下原则:

1) 惟一确定性。每一个编码代表且仅代表一个实体的属性和状态。

2) 可扩充性和稳定性。代码设计应留出适当的扩充位置,当增加新的内容时,便于直接利用源代码进行扩充,无需更改代码系统。

3) 标准化和通用性。国家有关编码标准是代码设计的重要依据,要严格执行国家标准以及行业编码标准,以便于系统扩展。

4) 逻辑性和直观性。代码不仅具有一定的逻辑含义,以便于数据的统计汇总,而且要简明直观,便于识别和记忆。

5) 精炼性。代码的长度不仅影响所占据的空间和处理速度,而且也会影响代码输入时出错的概率及输入输出速度,因而要适当压缩代码的长度。

(2) 信息编码的方法

1) 顺序编码法

顺序编码法是一种按对象出现的顺序进行排列编码的方法,例如施工工序编码:土方工程01、基础工程02、砌墙工程03、构造柱04、楼板安装05、屋面工程06等等。顺序编码法简单易懂,用途广泛。但这种代码缺乏逻辑性,不宜分类。而且当增加新数据时,只能在最后进行排列,删除数据时又会出现空码。所以,此方法一般不单独使用,只用来作为其他分类编码后进行细分类的一种手段。

2) 分组编码法

分组编码法是在顺序编码法的基础上发展起来的,它是先将数据信息进行分组,然后对每组的信息进行顺序编码。每个组内留有后备编码,便于增加新的数据。这种方法易于分类处理,但存在逻辑不清的问题。

3) 十进制编码法

这种编码方法是先将数据对象分成十大类,编以0~9的号码,每类中再分成十小类,给以第二个0~9的号码,依次类推。这种方法可以无限的扩充下去,直观性能较好。国家目前要求执行的"设备材料标准编码"基本上是采用这种方法,不过是百进制的,而不是十进制,即整个编码八位,分成四段,前两位代表大类,次两位代表中类,再次两位代表小类,最后两位代表品种。当然,每一品种还有不同的规格,还可以通过附加顺序号码的方法加以区别。

4）文字数字码

这种方法是用文字表明数字属性，而文字一般用英文缩写或汉语拼音的声母。这种编码直观性好，记忆使用方便，但数据较多时，单靠字母很容易使含义模糊，造成错误的理解。例如：HPB235、ISO9000、长江号等等。

5）多面码

一个事物可能有多个属性，如果在编码中能为这些属性各规定一个位置，就形成了多面码。例如：按照表7-1的规定，11202编码就代表了"国产热轧平板，规格为1/4″×20′"。这种方法的优点是逻辑性能好，便于扩充。但这种代码位数较长，会有较多的空码。

金属材料多面码编码规定示例　　　　　　　　表7-1

来　源	生产方式	种　类	规　格
1-国产	1-热轧	1-角铁	00-1/16″×20′
2-进口	2-冷拉	2-平板	01-1/8″×20′
	3-铸造	3-铁丝	02-1/4″×20′
		4-管子	

上述几种编码方法，各有其优缺点，在实际工作中，要针对具体情况灵活应用，也可以结合具体情况结合使用。

1.2.3　信息的处理

信息处理一般包括：信息的收集、加工整理、传输、存储、检索和输出六项内容。

（1）信息的收集

就是收集原始信息，这是信息处理的基础。信息处理质量的好坏，直接取决于原始信息资料的准确性、全面性和可靠性。因此，建立一套完善的信息收集制度是极其必要的。

（2）信息加工整理

这是信息处理的基本工作内容。通过对信息的加工整理，我们一方面可以掌握项目实施过程中各方面的实际情况，另一方面可以借助于数学模型来预测项目未来的进展情况，从而为正确决策提供依据。信息的加工整理主要包括对信息的分类、排序、计算、比较、选择等方面的工作，信息加工处理服务于某项具体任务的要求，通过加工为我们提供有用的信息。

（3）信息传输

这是指信息借助于一定的载体（如纸张、胶片、软盘、磁带等）在项目内部的各部门、项目的各参加单位之间进行传播，通过传输，形成各种信息流，成为我们工作和处理实际问题的重要依据。

（4）信息存储

这是指处理后的信息的存储。经处理后的信息有的并非立即有用，有的虽然立即使用，但日后还可作为参考或应用。因此，为了便于管理和使用项目信息，必须在项目管理组织内部建立完善的信息资料存储制度，将各种资料按不同的类别进行详细的登录，建立信息档案，妥善保存。

(5) 信息检索

项目管理工作中存储了大量的信息，为了查找方便，我们需要拟定一套科学、迅速的查找方法和手段，这就称之为信息检索。

(6) 信息输出

处理好的信息，要按照需求编印成各类报表和文件，或通过计算机网络进行传输，以供项目管理工作使用。

1.3 计算机在信息管理中的作用

在当今的时代，信息处理已逐步向电子化和数字化的方向发展，由传统的方式向基于网络的信息处理平台方向发展，以充分发挥信息资源的价值，以及信息对项目目标控制的作用。

在当代项目管理过程中，不仅需要大量的信息，而且对信息的质量（如信息的正确性、及时性等）提出了更高的要求。要做好项目管理工作中的信息处理，必须借助于计算机来完成。运用计算机存储量大的特点，集中存储工程建设项目的有关信息；利用计算机计算速度快的特点，高速准确地处理项目管理所需要的信息，快捷、方便地形成各种报表；运用计算机局域网络和 INTERNET 来传递各类信息。

在互联网这一目前最大的全球性的网络蓬勃发展的今天，即使项目的业主方和项目参与各方分散在不同的地点，或不同的城市，或不同的国家，项目的信息处理也可充分利用远程数据通信的方式，如：通过电子邮件收集信息和发布信息；通过基于互联网的项目专用网站实现业主方内部、业主方和项目参与各方，以及项目参与各方之间的信息交流、协同工作和文档管理；通过基于互联网的为众多项目服务的公用信息平台实现业主方内部、业主方和项目参与各方以及项目参与各方之间的信息交流、协同工作和文档管理；召开网络会议等等。

课题2 施工项目信息管理

2.1 施工项目信息管理的目的与作用

2.1.1 施工项目信息管理的目的

我国从工业发达国家引进项目管理的概念、理论、组织、方法和手段，历时20年左右，取得了不少成绩。但是，应认识到，在项目管理中最薄弱的工作环节是信息管理。至今多数业主方和施工方的信息管理还相当落后，其落后表现在对信息管理的理解，以及信息管理的组织、方法和手段基本上还停留在传统的方式和模式上。

施工项目的信息管理是通过对各个系统、各项工作和各种数据的管理，使施工项目的信息能方便和有效地获取、存储、存档、处理和交流。施工项目信息管理的目的旨在通过有效的项目信息传输的组织和控制为施工项目管理提供增值服务。

2.1.2 施工项目信息管理的作用

施工项目信息管理对工程建设的实施过程产生巨大影响，其主要作用主要有以下几个方面：

(1) 施工项目信息管理是对信息资源的充分利用

工程建设项目的建设过程，实际上是人力、材料、技术、设备、资金等资源投入的过程，而要高效、优质、低耗地完成工程建设任务，必须通过信息的收集，加工、处理和应用实现对上述资源的规划和控制。项目管理的主要功能就是通过信息的作用来规划，调节上述资源的数量，方向、速度和目标，使上述资源按照一定的规划运动，实现工程建设的投资、进度和质量目标。

(2) 施工项目信息管理是项目管理者实施控制的基础

控制是建设项目管理的主要手段。控制的主要任务是将计划目标与实际目标进行分析比较，找出差异和产生问题的原因，采取措施排除和预防偏差，保证项目建设目标的实现。为有效地控制项目的三大目标，项目管理者应当动态掌握项目建设的投资、进度和质量目标的计划值和实际值。只有掌握了这两方面的信息，项目管理者才能实施有效的控制工作。因此，从控制角度讲，如果没有信息，项目管理者就无法实施正确的监督、管理、协调。

(3) 施工项目信息管理是进行项目决策的依据

施工项目管理决策的正确与否，将直接影响施工项目总目标的实现，而影响决策正确与否的主要因素之一就是信息。如果没有及时、有效的信息管理提供可靠、正确的信息作依据，项目管理者就不能做出正确的决策。如施工阶段是否进行索赔、索赔多少，项目管理者只有在掌握有关合同规定及实际施工状况等信息后，才能做出正确的决定。因此，及时、有效的信息管理是项目正确决策的依据。

(4) 施工项目信息管理是项目管理者协调关系的纽带

工程建设项目涉及到众多的单位，如上级主管政府部门、建设单位、监理单位、设计单位、分包单位、材料设备供应单位、交通运输、保险、外围工程单位（水、电、通信等）和税收单位等，这些单位都会对施工项目目标的实现带来一定影响。要使这些单位协调一致，就必须通过信息管理将他们组织起来，处理好各方面的关系，协调好它们之间的活动，实现共同的目标。

(5) 施工项目信息管理是增强施工企业竞争力的有力工具

通过有效的施工项目信息管理，施工企业能够积累丰富的管理经验，提高企业的竞争力，在竞争中击败对手，承揽到工程设计或施工任务。随着建筑市场竞争日益激烈，信息和信息管理为施工企业的竞争提供了依据，为其生存和发展创造了有利条件。

2.2 施工项目信息的内容

(1) 质量控制信息

包括国家质量政策及质量标准、工程建设项目的建设标准、质量目标分解体系，质量控制工作流程、质量控制工作制度、质量控制的风险分析、质量抽样检查的数据、验收的有关记录和报告等信息。对重要工程及隐蔽工程还应包括有关照片，录像等。

(2) 进度控制信息

包括施工定额、计划参考数据、施工进度计划、进度目标分解、进度控制的工作程序、进度控制的风险分析及进度记录等。

(3) 成本控制信息

包括工程合同价、物价指数、各种估算指标、施工过程中的支付账单、原材料价格、机械设备台班、人工费用、各种物资单价及运杂费等。

(4) 合同管理信息

合同信息的一个重要方面是建设单位与施工单位在招标过程中签订的合同文件信息，它们是施工项目实施的主要依据，包括合同协议书、中标通知书、投标书及附件、合同通用及专用条款、技术规范、图纸、其他有关文件。

(5) 其他信息

风险控制信息，包括环境要素风险、项目系统结构风险、项目的行为主体产生的风险等等；安全控制信息，包括安全责任制、安全组织机构、安全教育与训练、安全管理措施、安全技术措施等；监理信息，包括监理过程中，监理工程师的一切指令、审核审批意见、监理文件等。

2.3 施工项目信息的收集

收集原始项目信息是一项很重要的基础工作，信息管理工作质量的好坏，很大程度上取决于原始资料的全面性、可靠性和及时性，它直接影响施工项目管理的各项指标，是项目目标能否顺利实现的前提条件。施工企业一般在施工招投标阶段参与工程项目，因此我们主要从以下几个方面收集建设项目信息：

2.3.1 工程施工招标阶段信息的收集

为了能够科学的中标，我们必须尽可能多地收集与工程项目有关的信息：

(1) 投标前基础信息的收集

1) 投标邀请书、投标须知、建设单位在招标期内的所有补充通知；

2) 国家或地方有关技术经济指标、定额、相关法规及规定；

3) 上级有关部门关于建设项目的批文及有关批示、征用土地和拆迁赔偿的协议文件等，土地使用要求、环保要求等；

4) 工程地质和水文地质报告、区域图、地形测量图，气象和地震烈度等自然条件报告，矿藏资源报告，地下管线、文物等埋藏资料；

5) 建设单位与市政、公用、供电、电信、交通、消防等部门的协议文件或配合方案。

(2) 设计文件信息的收集

设计文件完整地表现了建筑物的外形、内部分割、结构体系、结构状况及建筑群的组成和周围环境的配合，具有详细的构造尺寸，如施工总平面图、建筑物的施工平面图、设备安装图、专项工程施工图以及各种设备材料明细表、施工图预算等信息。

(3) 中标后签订合同阶段信息的收集

中标通知书、合同商洽补充文件、合同双方签署的合同协议书、履约保函、合同条款等等。

2.3.2 施工阶段信息的收集

(1) 施工单位自身信息的收集

1) 各种方案、计划。包括进度计划方案、施工方案、施工组织设计、施工技术方案、质量问题处理方案。

2) 各种报审信息。包括开工报告、施工组织设计报审表、测量放线报审表、各种材料报验单、月进度支付表、分包报审表、技术核定报审表、工料价格调整申报表、索赔申报表、竣工报验单、复工申请、各种工程建设项目自检报告、质量问题报告、工程进度调整报告。

3）工地日记。主要包括如下内容：当天的天气记录，当天材料进场的品种、规格、数量及现场复检情况，当天的质量、技术、安全交底情况，当天的施工内容、部位，当天的隐蔽验收情况，当天的见证取样情况，当天参加施工人员的工种、数量及劳动力安排等，当天使用的机械名称、台班等，当天发现的工程质量、安全问题及处理，当天建设单位的指令、要求，当天监理单位的指令、要求，当天的上级或政府来现场检查施工生产情况，当天的设计变更、技术经济签证情况，当天的施工进度与计划进度的比较结果及原因，当天的施工综合评价，其他说明等。

4）内部会议。内部会议是施工单位解决施工中出现的各种问题的有效方法。包括施工方法、工作分工、规章制度、人员奖惩、材料采购等等。

(2) 建设单位信息的收集

在工程实施过程中，建设单位作为建设工程的组织者，按照合同有关规定，不断发表对工程建设各方面的意见、批示和变更，下达指令。如建设单位负责某些材料供应时，我们应收集建设单位所提供的材料的品种、数量、规格、价格、性能、质量证明、试验或检验资料、提货方式、提货地点、供货时间等信息。

(3) 监理单位信息的收集

1）监理工程师的指令、要求。监理工程师在工程施工过程中根据实际情况以及甲方的意见，对工程在质量、进度、投资、安全、合同管理等都会发出大量的指示，这些指示有监理工程师通知单、监理备忘录等。

2）监理会议。监理会议是监理工作的一种重要方法，会议中包含着大量的信息。项目管理者必须重视工地会议，建立一套完善的会议制度，以便于会议信息的收集与处理。项目管理者应当及时收集监理会议（如第一次工地会议、工地协调会、质量例会、材料例会、专题会议、监理协调会议等）有关会议的资料、解决的问题、形成的文件资料、会议纪要、会议记录、进度、质量、经费支出总结或小结等。需要说明的是，监理会议确定的事宜视为合同的一部分，施工单位必须执行。

3）监理工程师对施工单位报审资料的审批。监理工程师对施工单位提供的报审表格，包括开工报告、施工组织设计报审表等等的审批意见。

4）监理文件。包括监理规划、监理实施细则、监理措施等，监理工程师正是按照这些文件对施工项目进行监督管理的，我们应该仔细研究这些文件，以便更好地与监理工程师的工作相配合。

(4) 其他信息的收集

在工程施工阶段，除上述几个方面产生的信息外，其他方面如设计单位、物资供应单位、国家或地方政府有关部门、供电部门、供水部门，交通、通信等部门都会产生大量的建设信息，项目管理者应当注意收集这些信息，为实施项目管理、实现项目目标提供依据。

2.3.3 工程保修阶段信息的收集

在工程保修阶段，我们除按合同要求及时进行各种保修工作外，还应在保修过程中，将保修情况记录在案,包括工程回访记录,出现问题的具体内容、原因、维修方法,保修所花费用等等。

2.4 施工项目信息的处理

2.4.1 施工项目信息处理的要求

建设项目信息处理必须符合及时、准确、适用、经济的要求。及时,就是信息传递的速度要快;准确,就是信息要真实地反映工程实际情况;适用,就是信息要符合实际需要,具有应用价值;经济,就是在信息处理时按照符合经济效果的要求确定处理方式。

2.4.2 施工项目信息的处理内容

建设项目信息处理一般包括信息的收集、加工整理、传输、存储、检索和输出六项内容。这些内容上一课题已有详细介绍,本处不再赘述。

2.4.3 施工项目信息的处理方式

(1) 手工处理方式。在信息处理过程中,主要依靠人填写、收集原始资料;计算主要靠人工来完成,人工编制报表和文件,人工保存和存储资料;信息的输出也主要靠人用电话、信函传输通知、报表和文件。目前大多数施工项目采取的就是这种方式。

(2) 计算机处理方式。计算机处理方式是指利用计算机进行数据处理的方式。在项目管理工作中,不仅需要大量的信息,而且对信息的质量(如信息的正确性、及时性等)提出了更高的要求。要做好监理工作中的信息处理工作,单纯靠手工处理方式是不能胜任的,必须借助于计算机来完成。运用计算机存储量大的特点,集中存储工程建设项目的有关信息,利用计算机计算速度快的特点,高速准确地处理工程监理所需要的信息,快捷、方便地形成各种报表,运用计算机局域网络和 INTERNET 来传递各类信息。这是施工项目信息管理的发展方向。

2.4.4 施工项目信息的输出与使用

施工项目信息管理的目的,就是为了更好地使用信息,为项目管理服务。经过加工处理的信息,要按照项目管理工作的要求,以各种形式如报表、文字、图形、图像、声音等,输出并提供给各级项目管理人员使用。信息的使用效率和使用质量随着计算机的普及而提高。存储于计算机的信息,通过计算机网络技术,可以实现信息在各个部门、各个区域、各级管理者中的共享。根据这些信息,我们就能够科学地做出判断和决策,把项目管理工作搞得更好。

2.5 施工项目管理信息系统的简介

项目管理信息系统(PMIS-Project Management Information System)是基于计算机的项目管理的信息系统,主要用于项目的目标控制。项目管理信息系统的应用,主要是用计算机的手段,进行项目管理有关数据的收集、记录、存储、过滤和把数据处理的结果提供给项目管理班子的成员。它是项目进展的跟踪和控制系统,也是信息流的跟踪系统。

上世纪 70 年代末期和 80 年代初期国际上已有项目管理信息系统的商品软件,项目管理信息系统现已被广泛地用于业主方和施工方的项目管理。应用项目管理信息系统的主要意义是：

(1) 实现项目管理数据的集中存储；
(2) 有利于项目管理数据的检索和查询；
(3) 提高项目管理数据处理的效率；
(4) 确保项目管理数据处理的准确性；
(5) 可方便地形成各种项目管理需要的报表。

项目管理信息系统可以在局域网上或基于互联网的信息平台上运行。其功能包括：投资控制（业主方）或成本控制（施工方）；进度控制；合同管理；有些项目管理信息系统还包括质量控制和一些办公自动化的功能。

2.6 施工项目管理信息化的意义

工程管理信息资源的开发和信息资源的充分利用，可吸取类似项目的正反两方面的经验和教训，许多有价值的组织信息、管理信息、经济信息，技术信息和法规信息将有助于项目决策期多种可能方案的选择，有利于项目实施期的项目目标控制，也有利于项目建成后的运行。

2.6.1 通过信息技术在工程项目管理中的开发和应用能实现

(1) 信息存储数字化和存储相对集中；
(2) 信息处理和变换的程序化；
(3) 信息传输的数字化和电子化；
(4) 信息获取便捷；
(5) 信息透明度提高；
(6) 信息流扁平化。

2.6.2 信息技术在工程管理中的开发和应用的意义

(1) "信息存储数字化和存储相对集中"有利于项目信息的检索和查询，有利于数据和文件版本的统一，并有利于项目的文档管理；
(2) "信息处理和变换的程序化"有利于提高数据处理的准确性，并可提高数据处理的效率；
(3) "信息传输的数字化和电子化"可提高数据传输的抗干扰能力，使数据传输不受距离限制并可提高数据传输的保真度和保密性；
(4) "信息获取便捷"，"信息透明度提高"以及"信息流扁平化"有利于提高项目参与方之间的信息交流和协同工作的效率。

综上所述，工程管理信息化有利于提高建设工程项目的经济效益和社会效益，以达到为工程项目管理增值的目的。

实 训 课 题

教师向学生推荐有关信息管理的软件和参考书，要求学生课外阅读和上网查询，并根据情况，要求学生写出 1000~2000 字的小论文。

复习思考题

1. 什么是信息？什么是信息管理？
2. 信息管理的内容有哪些？
3. 信息管理流程有哪几种形式？
4. 信息处理的内容有哪些？最重要的是什么？
5. 施工项目信息管理的作用是什么？
6. 如何进行施工项目信息的收集？
7. 施工项目信息的处理的要求是什么？

单元 8 　建设工程技术资料管理

知 识 点：建筑工程资料的填写、收集、整理、归档。
教学目标：要求学生了解建筑工程资料的基本概念；了解工程项目各方在资料归档中的职责；掌握归档整理质量要求；掌握工程施工质量验收的划分、依据、方法、程序、组织等；掌握工程项目各类资料表格的填写方法。

课题 1 　建筑工程资料管理概述

1.1 　基 本 概 念

建筑产品是一种特殊产品。我国对建设工程的控制实行的是全过程控制。所谓建设工程资料就是对工程建设过程及结果的书面记录。随着时间的流逝，旧建筑难免要进行改建、扩建、维修、拆除、装修等等，这时就需要了解原建筑的相关技术、质量参数并据此确定施工技术方案，因此建设工程资料应统一存放、妥善保管，以备相关单位随时查阅，这就是建设工程资料的归档。为了保证日后查阅的方便，建设工程资料归档时应按照一定的要求进行整理，这就是建设工程资料的归档整理。

建设工程资料的归档及整理应遵循《建设工程文件归档整理规范》GB/T 50328—2001（以下简称《归档整理规范》）。

(1) 建设工程文件的概念

在工程建设过程中形成的各种形式的信息记录，包括工程准备阶段文件、监理文件、施工文件、竣工图和竣工验收文件，统称为建设工程资料，也称为建设工程文件，简称为工程资料或工程文件。建设工程资料的归档范围及保存期限详见附录1。

(2) 建设工程档案的概念

在工程建设活动中直接形成的具有归档保存价值的文字、图表、声像等各种形式的历史记录，也可简称工程档案。需要归档的建设工程资料就是建设工程档案。

(3) 立卷的概念

所谓立卷，即建设工程资料在归档时按照一定的原则和方法，将有保存价值的资料分门别类整理成案卷，亦称组卷。

(4) 归档的概念

所谓归档，是指资料形成单位完成其工作任务后，将形成的资料整理立卷后，按规定移交给档案管理机构。它有三方面含义：一是建设、勘察、设计、施工、监理等单位将本单位在工程建设过程中形成的资料向本单位档案管理机构移交；二是勘察、设计、施工、监理等单位将本单位在工程建设过程中形成的资料向建设单位档案管理机构移交；三是建设单位按照现行《归档整理规范》要求，将汇总的该建设工程的档案向地方城建档案管理部门移交。

1.2 建设工程档案的特征

1.2.1 分散性和复杂性

建设工程施工周期长，生产工艺复杂，建筑材料种类多，建筑技术发展迅速，影响建设工程因素多种多样，工程建设阶段性强并且相互穿插。由此导致了建设工程档案资料的分散性和复杂性。这个特征决定了建设工程档案是多层次、多环节、相互关联的复杂系统。

1.2.2 继承性和时效性

随着建筑技术、施工工艺、新材料以及建筑企业管理水平的不断提高和发展，档案可以被继承和积累。新的工程在施工过程中可以吸取以前的经验，避免重犯以往的错误。同时，建设工程档案有很强的时效性，档案的价值会随着时间的推移而衰减，有时资料档案一经生成，就必须传达到有关部门，否则会造成严重后果。

1.2.3 全面性和真实性

建设工程档案只有全面反映项目的各类信息，才更有实用价值，必须形成一个完整的系统。有时只言片语地引用往往会起到误导作用。另外，建设工程档案必须真实反映工程情况，包括发生的事故和存在的隐患。真实性是对所有档案资料的共同要求，但在建设领域对这方面要求更为迫切。

1.2.4 随机性

建设工程档案产生于工程建设的整个过程中，工程开工、施工、竣工等各个阶段、各个环节都会产生各种档案。部分建设工程档案的产生有规律性（如各类报批文件），但还有相当一部分档案产生是由具体工程事件引发的，因此建设工程档案是有随机性的。

1.2.5 多专业性和综合性

建设工程档案依附于不同的专业对象而存在，又依赖不同的载体而流动。涉及多种专业：建筑、市政、公用、消防、保安等多种专业，也涉及电子、力学、声学、美学等多种学科，并同时综合了质量、进度、造价、合同、组织协调等多方面内容。

1.3 建设工程资料的分类

1.3.1 工程准备阶段文件

工程准备阶段文件是工程开工以前，在立项、审批、征地、勘察、设计、招投标等工程准备阶段形成的文件，包括以下内容：

(1) 立项文件；
(2) 建设用地的征地及拆迁文件；
(3) 勘察、测绘、设计文件；
(4) 招投标文件；
(5) 开工审批文件；
(6) 财务文件；
(7) 建设、施工、监理项目管理机构及负责人。

1.3.2　监理文件

监理文件是监理单位在工程设计、施工等监理过程中形成的文件。

1.3.3　施工文件

施工文件是施工单位在工程施工过程中形成的文件，包括建筑安装工程文件和市政基础设施工程文件。

1.3.4　竣工图文件

竣工图是工程竣工验收后，真实反映建设工程项目施工结果的图样。

1.3.5　竣工验收文件

竣工验收文件是建设工程项目竣工验收活动中形成的文件。

1.4　建设工程档案归档的意义

档案是宝贵财富，具有很高的史料价值。档案资料管理是现代管理工作的基础。档案管理的目标是具有系统性、完整性、规范性、安全性、时效性和真实性。

建设工程档案归档对于建设、设计、施工、监理等相关单位来说，是企业技术经济资料储备，企业可以此为依托开展技术交流，提高企业管理水平及工程建设质量水平。

建设工程档案是设计、施工、监理等相关单位向建设单位提供的工程建设质量保证的原始凭证，也即由各相关单位给出的工程的合格证，建设工程档案归档就是对这些合格证进行法定的、规范的保存。

建设工程档案是鉴别工程质量，特别是结构工程中隐蔽工程质量的重要依据；同时建设工程档案记录了工程建设的技术、质量情况以及其他相关参数，它相当于病人留存在医院的病历一样。建设工程档案进行归档对于工程的合理使用，以及工程今后的维修、改建、扩建、拆除具有重要意义。

课题2　建筑工程资料的归档及整理

2.1　建筑工程资料归档管理的职责

建设工程文件的归档管理不仅仅是哪一家单位的职责，而是工程质量的各责任主体共同的职责，因此在《归档整理规范》中明确了相关单位的相应职责。

2.1.1　通用职责

(1) 工程各参建单位填写的建设工程档案应以施工及验收规范、工程合同、设计文件、工程施工质量验收统一标准等为依据；

(2) 工程档案资料应随工程进度及时收集、整理，并应按专业归类，认真书写，字迹清楚，项目齐全、准确、真实，无未了事项。表格应采用统一表格，特殊要求需增加的表格应统一归类；

(3) 工程档案资料进行分级管理，建设工程项目各单位技术负责人负责本单位工程档案资料的全过程组织工作并负责审核，各相关单位档案管理员负责工程档案资料的收集、整理工作；

(4) 对工程档案资料进行涂改、伪造、随意抽撤或损毁、丢失等，应按有关规定予以处罚，情节严重的，应依法追究法律责任。

2.1.2 建设单位职责

（1）在工程招标及与勘察、设计、监理、施工等单位签订协议、合同时，应对工程文件的套数、费用、质量、移交时间等提出明确要求；

（2）收集和整理工程准备阶段、竣工验收阶段形成的文件，并应进行立卷归档；

（3）负责组织、监督和检查勘察、设计、施工、监理等单位的工程文件的形成、积累和立卷归档工作，也可委托监理单位监督、检查工程文件的形成、积累和立卷归档工作；

（4）收集和汇总勘察、设计、施工、监理等单位立卷归档的工程档案；

（5）在组织工程竣工验收前，应提请当地城建档案管理部门对工程档案进行预验收；未取得工程档案验收认可文件，不得组织工程竣工验收；

（6）对列入当地城建档案管理部门接收范围的工程，工程竣工验收3个月内，向当地城建档案管理部门移交一套符合规定的工程文件；

（7）必须向参与工程建设的勘察、设计、施工、监理等单位提供与建设工程有关的原始资料，原始资料必须真实、准确、齐全；

（8）可委托承包单位、监理单位组织工程档案的编制工作，负责组织竣工图的绘制工作，也可委托承包单位、监理单位、设计单位完成，收费标准按照所在地相关文件执行。

2.1.3 监理单位职责

（1）应设专人负责监理资料的收集、整理和归档工作，在项目监理部，监理资料的管理应由总监理工程师负责，并指定专人具体实施，监理资料应在各阶段监理工作结束后及时整理归档；

（2）监理资料必须及时整理、真实完整、分类有序，在设计阶段，对勘察、测绘、设计单位的工程文件的形成、积累和立卷归档进行监督、检查，在施工阶段，对施工单位的工程文件的形成、积累、立卷归档进行监督、检查；

（3）可以按照委托监理合同的约定，接受建设单位的委托，监督、检查工程文件的形成积累和立卷归档工作；

（4）编制的监理文件的套数、提交内容、提交时间，应按照现行《归档整理规范》和各地城建档案管理部门的要求，编制移交清单，双方签字、盖章后，及时移交建设单位，由建设单位收集和汇总，监理公司档案部门需要的监理档案，按照《建设工程监理规范》GB 50319—2000（以下简称《监理规范》）的要求，及时由项目监理部提供。

2.1.4 施工单位职责

（1）实行技术负责人负责制，逐级建立、健全施工文件管理岗位责任制，配备专职档案管理员，负责施工资料的管理工作。工程项目的施工文件应设专门的部门（专人）负责收集和整理；

（2）建设工程实行总承包的，总承包单位负责收集、汇总各分包单位形成的工程档案，各分包单位应将本单位形成的工程文件整理、立卷后及时移交总承包单位，建设工程项目由几个单位承包的，各承包单位负责收集、整理、立卷其承包项目的工程文件，并应及时向建设单位移交，各承包单位应保证归档文件的完整、准确、系统，能够全面反映工程建设活动的全过程；

（3）可以按照施工合同的约定，接受建设单位的委托进行工程档案的组织、编制工作；

(4) 按要求在竣工前将施工文件整理汇总完毕，再移交建设单位进行工程竣工验收；

(5) 负责编制的施工文件的套数不得少于地方城建档案管理部门要求，但应有完整施工文件移交建设单位及自行保存，保存期可根据工程性质以及地方城建档案管理部门有关要求确定，如建设单位对施工文件的编制套数有特殊要求的，可另行约定。

2.1.5 地方城建档案管理部门职责

(1) 负责接收和保管所辖范围应当永久和长期保存的工程档案和有关资料；

(2) 负责对城建档案工作进行业务指导，监督和检查有关城建档案法规的实施；

(3) 列入向本部门报送工程档案范围的工程项目，其竣工验收应有本部门参加并负责对移交的工程档案进行验收。

2.2 建筑工程资料的归档范围

对与工程建设有关的重要活动、记载工程建设主要过程和现状、具有保存价值的各种载体的文件，均应收集齐全，整理立卷后归档。

工程建设的过程可分为两个阶段，即项目准备阶段和项目实施阶段。

在项目准备阶段主要完成项目的可行性研究及立项、建设用地的征地及拆迁工作、项目承包商的招投标工作、项目的勘察及设计工作、项目的开工审批工作、项目的财务工作、项目管理机构的组建等工作。我们应该将这个阶段能够反映项目准备工作的过程、结果等文件收集归档。

在项目的实施阶段主要完成项目的施工以及对项目的监理等工作。这个阶段的文件来源广泛、内容繁杂（如：施工单位的文件、材料供应商的文件、设备供应商的文件、检测单位的文件、监理单位的文件、建设单位的文件、设计单位的文件等等）。同时这个阶段的文件非常重要，它直接反映了工程项目的质量、安全、使用功能情况。因此项目实施阶段建设工程文件的收集整理是整个项目文件归档工作的重点及难点。

需归档的建设文件范围详见附录。

2.3 建筑工程资料的归档整理质量要求

2.3.1 单份文件的质量要求

根据《归档整理规范》的规定，建设工程文件在归档时应满足如下的质量要求：

(1) 归档的工程文件应为原件；

(2) 工程文件的内容及其深度必须符合国家有关工程勘察、设计、施工、监理等方面的技术规范、标准和规程；

(3) 工程文件的内容必须真实、准确，与工程实际相符合；

(4) 工程文件应采用耐久性强的书写材料，如碳素墨水、蓝黑墨水，不得使用易褪色的书写材料，如红色墨水、纯蓝墨水、圆珠笔、复写纸、铅笔等；

(5) 工程文件应字迹清楚，图样清晰，图表整洁，签字盖章手续完备；

(6) 工程文件中文字材料幅面尺寸规格宜为 A4 幅面（297mm×210mm），图纸宜采用国家标准图幅；

(7) 工程文件的纸张应采用能够长期保存的韧力大、耐久性强的纸张。图纸一般采用蓝晒图，竣工图应是新蓝图。计算机出图必须清晰，不得使用计算机出图的复印件；

(8) 所有竣工图均应加盖竣工图章：

1) 竣工图章的基本内容应包括："竣工图"字样、施工单位、编制人、审核人、技术负责人、编制日期、监理单位、现场监理、总监；

2) 竣工图章应使用不易褪色的红印泥，应盖在图标栏上方空白处。

(9) 利用施工图改绘竣工图，必须标明变更修改依据；凡施工图结构、工艺、平面布置等有重大改变，或变更部分超过图面1/3的，应当重新绘制竣工图；

(10) 不同幅面的工程图纸应按《技术制图复制图的折叠方法》(GB/10609.3—89)统一折叠成A4幅面（297mm×210mm），图标栏露在外面。

我们在日常的文件收集时就应该严格按照上述要求对所收集到的文件进行检查，避免在今后移交工程档案时出现返工。

2.3.2 资料组卷的质量要求

在归档时，上述满足要求的单份文件还应该进行归纳整理并装订成册，即所谓的立卷。根据《建设工程文件归档整理规范》(GB/T 50328—2001) 的规定，建设工程文件在立卷时应按以下要求进行：

(1) 立卷的原则和方法

1) 立卷应遵循工程文件的自然形成规律，保持卷内文件的有机联系，便于档案的保管和利用；

2) 一个建设工程由多个单位工程组成时，工程文件应按单位工程组卷；

3) 立卷可采用如下方法：

A. 工程文件可按建设程序划分为工程准备阶段的文件、监理文件、施工文件、竣工图、竣工验收文件5部分；

B. 工程准备阶段文件可按建设程序、专业、形成单位等组卷；

C. 监理文件可按单位工程、分部工程、专业、阶段等组卷；

D. 施工文件可按单位工程、分部工程、专业、阶段等组卷；

E. 竣工图可按单位工程、专业等组卷；

F. 竣工验收文件按单位工程、专业等组卷。

4) 立卷过程中宜遵循下列要求：

A. 案卷不宜过厚，一般不超过40mm；

B. 案卷内不应有重份文件；

C. 不同载体的文件一般应分别组卷。

(2) 卷内文件的排列要求

1) 文字材料按事项、专业顺序排列。同一事项的请示与批复、同一文件的印本与定稿、主件与附件不能分开，并按批复在前、请示在后，印本在前、定稿在后，主件在前、附件在后的顺序排列；

2) 图纸按专业排列，同专业图纸按图号顺序排列；

3) 既有文字材料又有图纸的案卷，文字材料排前，图纸排后。

案卷及卷内文件应按照《归档整理规范》的要求进行编目及装订。

(3) 案卷的编目要求

1）编制卷内文件页号应符合下列规定：

A. 卷内文件均按有书写内容的页面编号。每卷单独编号，页号从"1"开始。

B. 页号编写位置：单面书写的文件在右下角；双面书写的文件，正面在右下角，背面在左下角。折叠后的图纸一律在右下角。

C. 成套图纸或印刷成册的科技文件材料，自成一卷的，原目录可代替卷内目录，不必重新编写页码。

D. 案卷封面、卷内目录、卷内备考表不编写页号。

2）卷内目录的编制应符合下列规定：

A. 卷内目录式样宜符合规范的要求。

B. 序号：以一份文件为单位，用阿拉伯数字从1依次标注。

C. 责任者：填写文件的直接责任单位和个人。有多个责任者时，选择两个主要责任者，其余用"等"代替。

D. 文件编号：填写工程文件原有的文号或图号。

E. 文件题名：填写文件标题的全称。

F. 日期：填写文件形成的日期。

H. 页次：填写文件在卷内所排的起始页号。最后一份文件填写起止页号。

I. 卷内目录排列在卷内文件首页之前。

3）卷内备考表编制的规定

A. 卷内备考表的式样宜符合规范的要求。

B. 卷内备考表主要标明卷内文件的总页数、各类文件页数（照片张数），以及立卷单位对案卷情况的说明。

C. 卷内备考表排列在卷内文件的尾页之后。

4）案卷封面的编制应符合下列规定：

A. 案卷封面印刷在卷盒、卷夹的正表面，也可采用内封面形式。案卷封面的式样宜符合规范的要求。

B. 案卷封面的内容应包括：档号、档案馆代号、案卷题名、编制单位、起止日期、密级、保管期限、共几卷、第几卷。

C. 档号应由分类号、项目号和案卷号组成。档号由档案保管单位填写。

D. 档案馆代号应填写国家给定的本档案馆的编号。档案馆代号由档案馆填写。

E. 案卷题名应简明、准确地揭示卷内文件的内容。案卷题名应包括工程名称、专业名称、卷内文件的内容。

F. 编制单位应填写案卷内文件的形成单位或主要责任者。

G. 起止日期应填写案卷内全部文件形成的起止日期。

H. 保管期限分为永久、长期、短期三种期限。各类文件的保管期限详见附录。其中永久是指工程档案需永久保存；长期是指工程档案的保存期限等于该工程的使用寿命；短期是指工程档案保存20年以下。同一案卷内有不同保管期限的文件，该案卷保管期限应从长计算。

I. 密级分为绝密、机密、秘密三种。同一案卷内有不同密级的文件，应以高密级为本卷密级。

5）卷内目录、卷内备考表、案卷内封面应采用70g以上白色书写纸制作，幅面统一采用 A4 幅面。

(4) 案卷装订要求

1) 案卷可采用装订与不装订两种形式。文字材料必须装订；既有文字材料，又有图纸的案卷应装订。装订应采用线绳三孔左侧装订法，要整齐、牢固，便于保管和利用。

2) 装订时必须剔除金属物。

(5) 卷盒、卷夹、案卷脊背的要求

1) 案卷装具一般采用卷盒、卷夹两种形式：

A. 卷盒的外表尺寸为 310mm×220mm，厚度分别为 20、30、40、50mm。

B. 卷夹的外表尺寸为 310mm×220mm，厚度一般为 20～30mm。

C. 卷盒、卷夹应采用无酸纸制作。

2) 案卷脊背

案卷脊背的内容包括档号、案卷题名。式样宜符合规范。

2.4 建筑工程资料的归档要求

2.4.1 对归档文件的要求

(1) 归档文件必须完整、准确、系统，能够反映工程建设活动的全过程。文件材料归档范围及文件的质量满足上文的要求。

(2) 归档的文件必须经过分类整理，并应组成符合要求的案卷。

2.4.2 对归档时间的要求

(1) 根据建设程序和工程特点，归档可以分阶段分期进行，也可以在单位或分部工程通过竣工验收后进行。

(2) 勘察、设计单位应当在任务完成时，施工、监理单位应当在工程竣工验收前，将各自形成的有关工程档案向建设单位归档。

2.4.3 对归档工程档案数量的要求

工程档案一般不少于两套，一套由建设单位保管，一套(原件)移交当地城建档案馆(室)。

2.4.4 对归档工作程序的要求

勘察、设计、施工单位在收齐工程文件并整理立卷后，建设单位、监理单位应根据城建档案管理机构的要求对档案文件完整、准确、系统情况和案卷质量进行审查。审查合格后向建设单位移交。勘察、设计、施工、监理等单位向建设单位移交档案时，应编制移交清单，双方签字、盖章后方可交接。归档工作程序如图 8-1 所示。

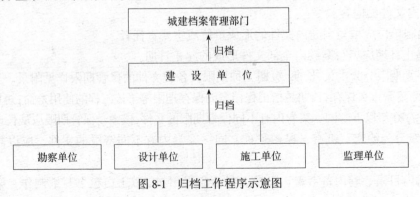

图 8-1 归档工作程序示意图

课题3 建筑工程施工质量验收

建筑工程施工质量的验收就是依据相应的质量标准体系，对建筑工程在适用、可靠、耐久、美观等各方面是否符合相应标准的确认。现行的建筑工程质量标准体系是 2001~2002 年期间相继颁布执行的《建筑工程施工质量验收统一标准》GB 50300—2001（以下简称《统一标准》）和配套建筑工程专业施工质量验收规范。

3.1 建筑工程施工质量验收的划分（图 8-2）

建筑工程的施工是经过若干道工序和多工种的配合完成的，质量的状况取决于各工序和各工种的操作技术能力，为了便于控制、检查和验收每个施工工序和工种的质量，就把具有独立的施工工序和相对单一的工种称为分项工程。现代建筑已经是多层和大面积的工程，分项工程的完成也需要较长时间；在各层施工中又往往是多个分项工程交叉，这对于分项工程验收就相当困难；施工质量验收将分项工程划分为若干个检验批验收。检验批是施工过程中相同条件并有一定数量的材料、构配件或安装项目，其质量基本均匀一致，因此可作为检验的基础单位，按批组织验收。

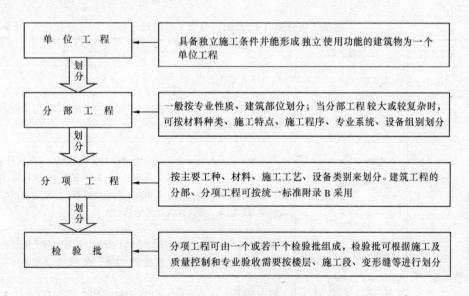

图 8-2 建筑工程施工质量验收的划分示意图

由于同一分项工程的工种单一，不易反映出工程的全部质量面貌，实际工程中又根据建筑的主要部分、用途划分为分部工程，以综合分项工程的质量。

若干个分部工程又组成单位工程。单位工程是指具有独立施工条件和能够形成使用功能的建筑物。单位工程竣工交付使用是施工单位把最终产品交给用户，是施工的最终目的。

上述划分工作的目的是为了进行有效质量管理和质量控制，在控制和管理时能够取得较完整的及时数据，最后能相对真实地反映保证建筑工程的质量。

3.1.1 单位（子单位）工程的划分

具备独立施工条件并能形成独立使用功能的建筑物及构筑物应为一个单位工程。建筑工程由建筑与主体结构和设备安装工程共同组成。一个独立的、单一的建筑物均为一个单位工程，如一幢住宅楼、一个教学楼、办公楼等就是一个单位工程。

建筑规模较大的单位工程，可将其能形成独立使用功能的部分划为一个子单位工程。随着经济发展和施工技术进步，涌现出了大量建筑规模较大的单体工程和具有综合使用功能的综合性建筑物。这些建筑物的施工周期一般较长，受多种因素的影响，诸如后期建设资金不足，部分停缓建，已建成可使用部分需投入使用，以发挥投资效益等；投资者为追求最大的投资效益，在建设期间，需要将其中一部分提前建成使用；规模特别大的工程，一次性验收也不方便等等。对于此类工程，可划分为若干个子单位工程进行验收。

3.1.2 分部（子分部）工程的划分（表 8-1）

分部工程的划分应按专业性质、建筑部位确定。《统一标准》将单位工程划分为地基与基础、主体结构、建筑装修、建筑屋面、建筑给水排水与采暖、建筑电气、通风与空调、电梯、智能建筑 9 个分部工程。有的单位工程可能没有某些分部工程，但大型工程可能包含全部分部工程。

建筑工程分部（子分部）、分项工程的划分　　　　　　　　表 8-1

序号	分部工程	子分部工程	分 项 工 程
1	地基与基础	无支护土方	土方开挖、土方回填
		有支护土方	排桩、降水、排水、地下连续墙、锚杆、土钉墙、水泥土桩、沉井与沉箱、钢及混凝土支撑
		地基及处理	灰土地基、砂和砂石地基、碎砖三合土地基、土工合成材料地基、粉煤灰地基、重锤夯实地基、强夯地基、振冲地基、砂桩地基、预压地基、高压喷射注浆地基、土和灰土挤密桩地基、注浆地基、水泥粉煤灰碎石桩地基、夯实水泥土桩地基
		桩基	锚杆静压桩及静力压桩、预应力离心管桩、钢筋混凝土预制桩、钢桩、混凝土灌注桩（成孔、钢筋笼、清孔、水下混凝土灌注）
		地下防水	防水混凝土、水泥砂浆防水层、卷材防水层、涂料防水层、金属板防水层、塑料板防水层、细部构造、喷锚支护、复合式衬砌、地下连续墙、盾构法隧道、渗排水、盲沟排水、隧道、坑道排水、预注浆、后注浆、衬砌裂缝注浆
		混凝土基础	模板、钢筋、混凝土、后浇混凝土、混凝土结构裂缝处理
		砌体基础	砖砌体、混凝土砌块、配筋砌体、砌体、石砌体
		劲钢（管）混凝土	劲钢（管）焊接、劲钢（管）与钢筋的连接，混凝土
		钢结构	焊接钢结构、栓接钢结构、钢结构制作、钢结构安装、钢结构涂装

续表

序号	分部工程	子分部工程	分项工程
2	主体结构	混凝土结构	模板、钢筋、混凝土、预应力、现浇结构、装配式结构
		劲钢（管）混凝土结构	劲钢（管）焊接、螺栓连接、劲钢（管）与钢筋的连接，劲钢制作、安装，混凝土
		砌体结构	砖砌体、混凝土小型空心砌块砌体、石砌体、填充墙砌体、配筋砖砌体
		钢结构	钢结构焊接、紧固件连接、钢零部件加工、单层钢结构安装、多层及高层钢结构安装、钢结构涂装、钢构件安装、钢构件预拼装、钢网架结构安装、压型金属板
		木结构	方木和原木结构、胶合木结构、轻型木结构、木构件防护
		网架和索膜结构	网架制作、网架安装、索膜安装、网架防火、防腐涂料
3	建筑装饰装修	地面	整体面层、基层、水泥混凝土面层、水泥砂浆面层、水磨石面层、防油渗面层、水泥钢（铁）屑面层、不发火（防爆）的面层；板块面层：基层、砖面层（陶瓷锦砖、缸砖、陶瓷地砖和水泥花砖面层）、大理石面层和花岗石面层、预制板块面层（预制水泥混凝土、水磨石板块面层）、料石面层（条石、块石面层）、塑料板面层、活动地板面层、地毯面层 竹木面层：基层、实木地板面层（条材、块材面层）、实木复合地板面层（条材、块材面层）、中密度（强化）复合地板面层（条材面层）、竹地板面层
		抹灰	一般抹灰、装饰抹灰、清水砌体抹灰
		门窗	木门窗制作与安装、金属门窗安装、塑料门窗安装、特种门安装、门窗玻璃安装
		吊顶	暗龙骨吊顶、明龙骨吊顶
		轻质隔墙	板材隔墙、骨架隔墙、活动隔墙、玻璃隔墙
		饰面板（砖）	饰面板安装、饰面砖粘贴
		幕墙	玻璃幕墙、金属幕墙、石材幕墙
		涂饰	水性涂料涂饰、溶剂型涂料涂饰、美术涂饰
		裱糊与软包	裱糊、软包
		细部	橱柜制作与安装、窗帘盒、窗台板和暖气罩制作与安装、门窗套制作与安装、护栏和扶手制作与安装、花饰制作与安装
4	建筑屋面	卷材防水屋面	保温层、找平层、卷材防水层、细部构造
		涂膜防水屋面	保温层、找平层、卷材防水层、细部构造
		刚性防水屋面	细石混凝土防水层、密封材料嵌缝、细部构造
		瓦屋面	平瓦屋面、油毡瓦屋面、金属板屋面、细部构造
		隔热屋面	架空屋面、蓄水屋面、种植屋面

续表

序号	分部工程	子分部工程	分项工程
5	建筑给排水及采暖	略	略
6	建筑电气	略	略
	建筑电气（强电部分)		
7	智能建筑	略	略
8	通风与空调	略	略
9	电梯	略	略

随着生产、工作、生活条件要求的提高，建筑物的内部设施越来越多样化；建筑物相同部位的设计也呈多样化；新型材料大量涌现；加之施工工艺和技术的发展，使分项工程越来越多，因此，当分部工程较大或较复杂时，可按材料种类、施工特点、施工程序、专业系统及类别等划分为若干子分部工程。《统一标准》将9个分部工程中按材料种类、施工特点等划分了68个子分部工程。

3.1.3 分项工程的划分

分项工程应按主要工种、材料、施工工艺、设备类别等进行划分。分项工程划分数量不宜太多，工程量也不宜太大，但一定要能反映出项目的特征，便于检查验收，及时发现问题及时纠正。《统一标准》将单位工程划分为389个分项工程。

3.1.4 检验批的划分

分项工程可由一个或若干检验批组成。分项工程划分成检验批进行验收有助于及时纠正施工中出现的质量问题，确保工程质量，也符合施工实际需要。检验批可根据施工及质量控制和专业验收需要按楼层、施工段、变形缝等进行划分。

3.2 建筑工程施工质量验收

3.2.1 建筑工程施工质量验收的依据

(1) 经有资质的设计文件审查机构审查合格并经建设行政主管部门批准的地质勘察报告和施工图设计文件、设计变更。

经审查批准的设计文件是施工的依据。工程设计文件经设计单位遵照设计规范和有关技术标准完成后，再经施工图审查机构严格审查并经建设行政主管部门批准，此时设计文件已成为具有法律效力的文件，设计、审查机构、建设行政主管部门已承担相应的法律责任，建设单位、施工单位、监理单位等不得擅自修改。施工质量的工序、检验批、分项、分部、单位工程的验收均首先依据地质勘察报告和施工图设计文件进行验收，检查施工的内容、质量满足结构安全、使用功能等是否符合设计要求。

(2) 国家现行的施工质量验收标准和专业施工质量验收规范。

(3) 质量控制各阶段技术资料和验收记录。

建筑工程的各个实施阶段和工序已按规范规定进行了质量验收并形成验收文件和记录，这些验收文件和记录应真实反映工程实施过程的质量状况，应作为单位工程竣工验收依据。工程实施过程中形成的施工记录、隐蔽资料、材料检测报告、施工质量检测报告、设计文件审查报告、地质勘察报告审查意见等技术资料是工程实施过程中对工程状况的记载，要求真实可靠，进行施工工序、检验批、分项、分部工程质量验收时应依据这些技术资料对施工质量验收。

3.2.2 检验批的验收

(1) 验收的内容

检验批是建筑工程施工质量验收的最小单元，是分项工程、分部工程和单位工程施工质量验收的基础。

检验批验收合格应符合下列规定：

1) 主控项目和一般项目的质量经抽样检验合格；

2) 具有完整的施工操作依据、质量检验记录。

也就是说，检验批质量合格的条件有两个方面：施工操作方面通过抽样检查主控项目和一般项目都必须合格；资料方面通过检查应具有完整的质量控制资料。质量控制资料包含材料出厂合格证、试验报告单、各施工工序的施工记录、隐蔽工程的验收记录及技术复核资料等。

检验批的质量分别按主控项目和一般项目验收，验收应形成记录，验收记录由施工项目专业质量检查员填写，监理工程师（建设单位项目专业技术负责人）组织项目专业质量检查员进行验收。

检验批的合格指标在各专业工程质量验收规范中分别列出，对检验批应按主控项目、一般项目规定的指标逐项检查验收。

主控项目是对检验批的基本质量起决定性的作用和影响的检验项目，是确保工程安全和使用功能的重要检验项目，是对安全、卫生、环境保护和公众利益及其关键作用的检验项目，因此主控项目检查的内容必须全部合格。对主控项目不合格的检验批，应严格按规定整改或返工处理，直到验收合格为止。

检验批一般项目也应该达到要求，只是部分质量指标可以适当放宽，并不影响工程安全和使用功能，但其质量不能对工程的美观性有较大影响。因此施工过程中和验收时同样应严格控制，使过程质量水平达到无缺陷和满意的程度。

(2) 验收的程序和组织

检验批是建筑工程质量基础。所有检验批均应由监理工程师或建设单位项目技术负责人组织验收。验收前，施工单位先填好"检验批质量验收记录"（有关监理记录和结论不填），并由项目专业质量检验员在检验批检验记录的相关栏目签字，然后由监理工程师组织，严格按规定程序进行验收并签字。

检验批验收程序是，检验批施工完成后由施工单位的项目专业质量检查员、项目专业技术负责人组织对检验批的施工质量进行自检，符合设计要求和验收规范的合格标准后，填写检查记录提交监理工程师或建设单位项目技术负责人进行验收。监理工程师或技术单位项目技术负责人应及时（一般不超过24小时）对检验批验收。验收的过程是对检验批的现场施工项目对照设计文件进行检查，依据验收规范的质量标准验收。由于监理实行旁站监理，对施工项目的过程和工序质量已很了解，检验批验收时可采取点抽样检查的方式、宏观检查的方式、对关键部位重点部位检查的方式、对质量怀疑点检查的方式验收。对检查的部位和点位的施工质量达到验收规范标准时，验收各方和验收人员应签字确认。检验批未通过验收，施工单位不得进行下道工序或隐蔽。

3.2.3 分项工程的验收

(1) 验收的内容

分项工程质量验收合格应符合下列规定：

1) 分项工程所含的检验批均应符合合格质量的规定。

2) 分项工程所含的检验批的质量验收记录应完整。

分项工程的验收在检验批的基础上进行。由于分项工程由若干个检验批组成，因此，分项工程和检验批具有相同或相近的性质，只是批量的大小不同而已。由于检验批进行了严格的验收，因而只要构成分项工程的各检验批的验收资料文件完整，并且均已验收合格，则分项工程验收合格。

(2) 验收的程序和组织

所有分项工程均应由监理工程师或建设单位项目技术负责人组织验收。验收前，施工单位先填好"分项工程的质量验收记录"(有关监理记录和结论不填)，并由项目专业技术负责人在分项工程检验记录的相关栏目签字，然后由监理工程师组织，严格按规定程序进行验收并签字。

3.2.4 分部（子分部）工程的验收

(1) 验收的内容

分部（子分部）工程质量验收合格应符合下列规定：

1) 分部（子分部）工程所含分项工程的质量均应验收合格；

2) 质量控制资料收集应完整；

3) 地基与基础、主体结构和设备安装等分部工程有关安全及功能的检验和抽样检测结果应符合有关规定。

4) 观感质量验收应符合要求。

综上所述，分部工程验收合格的条件有四个：

1) 分部工程中的各分项工程必须已验收合格；分项工程验收应覆盖分部工程的全部内容，不应有漏项、缺项；

2) 各种质量控制资料文件必须完整，这是验收的基本条件。一个分部（子分部）工程是否具有数量和内容完整的质量控制资料，是验收规范指标能否通过验收的关键。此外，由于各分项工程的内容和性质不同，因此作为分部工程不能简单地组合而加以验收，还应增加3）、4）两类检查的内容；

3) 地基基础、主体结构及设备安装等分部工程应进行相关见证取样送样实验或抽样检测。检测报告的结果应作为该分部工程验收合格的重要依据。分部工程验收时应检查规定检测的项目是否都进行了检测，检测报告中的格式、内容、检测程序、检测方法、参数、数据、结论是否符合设计要求和技术质量的规定，应实行见证取样送检的项目是否执行规定见证取样送检，其检测报告是否符合有关管理规定。地基基础、主体结构抽样检测是对工程实体分部质量的旁证，作为质量验收的手段之一，体现了施工质量验收规范把工程内在质量强化控制的基点。

4) 观感质量验收，这类检查往往难以定量，只能以观察、触摸或简单测量的方式进行，并由各个人的主观印象判断，检查结果并不给出"合格"或"不合格"的结论，而是综合给出好、一般或差的质量评价。对于"差"的检查点应通过返修处理进行补救。观感质量评价由参加验收的人员宏观掌握。

分部工程质量验收时，验收人员应对分部工程覆盖的各个部位进行检查，能打开的尽量开启检查，设备能启动的应启动检查，不能只检查外观，重心在实物质量。对有影响安全和使用功能的项目或部位，应返修后再做观感质量检查评价。

分部工程质量验收应由施工单位自查自检合格后，由监理单位验收。参加验收的人员应具有相应资格。分部工程质量验收由总监理工程师组织，不少于3个监理工程师参加检查，评价结论由参加验收人员共同确认。

(2) 验收的程序和组织

实行总监理工程师负责制的工程，分部（子分部）工程验收应由总监理工程师组织。工程未实行监理的分部工程验收由建设单位项目技术负责人组织验收。参加验收的单位和人员为施工单位的项目负责人和项目技术质量负责人、分包单位的负责人、分包技术负责人、建设单位项目及技术负责人和有关人员。地基基础、主体结构、幕墙子分部的主要技术资料和质量问题是归技术部门和质量部门掌握，所以施工单位的技术、质量部门负责人应参加验收。由于地基基础、主体结构技术性能要求严格，技术性强，关系到整个工程的安全，因此这些分部工程的勘察、设计单位项目负责人和专业设计人员也应参加相关分部的工程质量验收。

施工单位完成分部施工项目后，施工单位项目负责人应组织自检评定，合格后向监理单位或建设单位提出分部工程验收报告，总监理工程师或建设单位项目负责人应及时组织有关人员参加对分部工程进行验收。

3.2.5 单位（子单位）工程的验收

(1) 验收的内容

单位工程质量验收也称单位工程竣工验收，是建筑工程投入使用前的最后一次验收，也是最重要的一次验收，是工程质量控制的最后一道把关，将对工程质量整体综合评价，也是对施工单位成果的综合检验。

单位工程质量验收合格应符合以下条件：

1) 单位（子单位）工程所含分部（子分部）工程的质量均应验收合格。

单位（子单位）工程质量验收合格，工程所含分部（子分部）工程质量验收必须都合格，这是基本条件。单位（子单位）工程所含分部（子分部）中有一个不合格，单位工程就不能进行验收，必须对不合格的分部（子分部）进行返修重新验收合格后才能进入单位（子单位）工程的验收。

单位（子单位）工程验收前施工单位应对分部（子分部）的验收资料进行收集整理，保证分部、子分部的验收记录和质量评价资料完善，地基基础、主体结构分部安全与使用功能的检测和抽测项目资料及分部、子分部质量观感评价齐全，单位工程所含分部工程、子分部工程无遗漏，各项资料、验收记录的验收人员具有规定资格和签认齐全。

2) 质量控制资料应完整。

质量控制资料是反映工程施工过程中各个环节过程质量状况的基本数据和原始记录，反映竣工项目的检测结果和记录，是工程质量的客观见证，是评价工程质量的依据。工程质量控制资料是工程的"合格证"和技术证明书，对工程质量验收十分重要。工程质量控制资料就是工程质量的一部分，是工程技术资料的核心，是施工单位质量管理的重要组成部分。质量控制资料的完整、齐全、清晰程度见证了企业管理水平的程度。工程施工中形成的质量控制资料，应真实记录工程施工的全过程和工程施工的各阶段、各工序、检验批、分项、分部工程质量的状况。

工程在验收分部（子分部）质量时，虽然已对分项工程提供的质量控制资料或技术资料进行了核查，但单位工程竣工验收时仍有必要进行全面复核，只是可以不用像验收检验批、分项工程那样进行微观检查，而是从整体上核查质量控制资料或技术资料来评价分部（子分部）和单位工程的结构安全和使用功能及质量状况，主要看其是否可以反映工程结构安全和使用功能完善，是否达到设计要求。是否符合强制性标准要求和质量标准。

工程质量控制资料是在产品生产过程中形成的，需要客观、真实、可靠、完整，与工程实际相符合，应满足以下基本要求：

A. 资料项目应齐全：国家所规定的 74 项资料必须具备。使用新材料、新工艺还应具有专家鉴定报告、检验或试验报告、当地政府主管部门的准用证或使用许可证、合格证等有关资料。工程发生质量问题，应有质量事故处理和返工记录资料。

B. 每个资料项目中应有的资料应完整：在规定的项目资料中，发生了的应有资料，未发生的不必做资料；对工程结构、功能及有关质量方面不会影响性能的资料，有缺点也可认可。有的材料按规定既要有合格证还应有复验报告的称为完整，但个别由于多种原因没有合格证，经检测符合设计要求和标准的，也可认为材料是完整的，资料可予认可。对新产品、新材料、新工艺没有国家标准，经产品检验部门依据注册的企业标准检验合格，并具有主管部门批准或推广使用证，可认可资料为完整。

C. 资料中数据应完整。工程使用的材料性能指标数据、工程性能检测数据、检测项目的检测报告数据在质量控制资料中必须完整。如水泥复验报告，通常检测安定性、强度、初凝、终凝时间，提供的检测报告必须有确切的数据及结论证实用于工程的水泥是合格的。数据是评定质量的依据，资料中既要求数据完整，也要求数据真实、可靠。对必不可少的资料，一是应在工程施工过程中形成，做到准确及时；二是应注意按规范规定收集和整理保管，对于无规定合格证等质量保证资料的进场建筑材料应拒绝接收和使用；三是应严格按规范要求将进场建筑材料和检测项目取样送检，保证批量符合规范规定，施工单位应防止缺资料时忙于后补或伪造资料。

3) 单位（子单位）工程所含分部工程有关安全和功能的检测资料应完整。

单位（子单位）工程安全和使用功能的检测资料及主要功能抽查项目涉及 6 大项 26 个测试项目，要求这些资料的目的是确保工程安全和使用功能。在分部（子分部）工程验收时要求进行检测是为了用检测验证工程综合质量和最终质量，这种检测由施工单位完成,监理单位或建设单位有关人员参加并监督进行,达到要求后形成检测记录各方签字认可。在单位(子单位)工程验收时,监理应对分部(子分部)工程的检测项目进行核查和核对,对检测的数量、数据及使用的检测方法标准、检测程序进行核查,同时核查检测人员的资格和签字情况,将核查结论形成记录。

另外,涉及结构安全和使用功能的检测项目不只限于附表中的6大项26个项目,还包括建筑工程施工质量验收系列规范之外的工程标准和规范要求的检测项目,在资料核查时同样应检查,例如:地基处理及柱基检测资料、消防性能检测资料、预制构件结构性能检测资料、室内环境质量检测资料。

4)主要功能项目的抽查结果应符合相关专业质量验收规范的规定。

主要功能项目抽查的目的是综合检验工程质量能否保证工程的功能,满足使用要求。这种抽查检测一般是复验和验证性的。功能项目抽查应在工程完工后施工单位向建设单位申请验收前进行。功能项目抽查有以下几类:

A. 对原检测项目的结论或对工程某几处有质疑,需要抽查进行验证。抽测项目一般在工程竣工验收阶段由验收组确定,但项目应局限在规范规定的项目内。

B. 工程质量监督机构对工程实体质量进行监督抽查检测,目的同样为验证工程的综合质量。监督抽查检测主要检测混凝土强度、保护层厚度、钢筋布置及位置移位情况、建筑使用功能满足质量要求的程度等项目。

C. 建筑综合性使用项目如室内环境质量(空气中有害物含量指标)检测、屋面淋水试验、照明全负荷通电试验、智能建筑系统运行试验等进行验收前抽样复验。

主要功能项目抽查时,一般不应损伤已完成的建筑成品,检测应采用无损方式进行。主要功能抽测可对照该项目原已检测的记录逐项检查,重新做检测记录表,也可以在原检测记录中进行签认。当进行了抽查时,应以抽查结果作为验收依据和归入技术资料中。

5)观感质量验收应符合要求。

观感质量检查主要对工程的外在质量进行全面检查,是对工程实体进行评价,核验分项、分部工程质量验收的正确性,及时对分项工程不能检查到的项目予以弥补。如工程竣工的安全和使用功能经检查都已达到,但验收时建筑出现裂缝和某些影响使用功能的情况,有必要弄清原因再行评价。又如,建筑的地面空鼓、起砂、门窗开启不灵、墙面开裂等质量缺陷在分项或分部验收时未出现,但单位工程验收时出现或被发现,这些质量缺陷应予以整改处理。

观感质量验收方法和内容与分部工程观感验收的方法相同,只存在范围的差异。单位工程观感质量检查与评定是宏观地评价建筑的可见部分的外观质量。

(2)验收的程序和组织

工程竣工验收的组织程序(图8-3)如下:

A. 工程施工完成后,施工单位首先要依据质量标准、设计图纸等组织有关人员对工程实体及工程竣工技术资料进行自检,并对检查结果进行评定,即预验收。

B. 工程预验收符合要求后,施工单位向建设单位提交工程竣工报告,申请竣工验收。

C. 实行监理的工程竣工报告需先报送总监理工程师,由总监组织人员对工程实体及

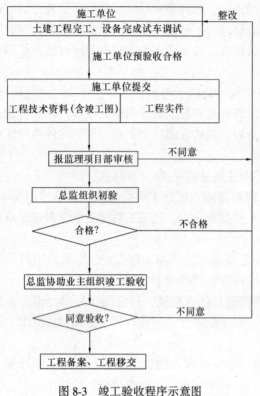

图8-3 竣工验收程序示意图

工程竣工技术资料进行检查，并对检查结果进行评定，即初验。

D. 初验符合要求后，建设单位或施工单位将工程竣工技术资料、竣工报告，呈报工程质量监督机构进行技术档案审查，对审查合格工程技术资料质量监督机构签署审查认可意见，技术资料可归入城市建设档案管理机构。审查不合格的工程技术资料，有关单位应进行整改后重新报审。工程竣工技术资料不合格的工程不应竣工验收。

E. 建设单位收到工程竣工报告后，和监理单位一起通知工程质量监督机构共同参加对工程竣工条件进行检查，确认符合验收要求的工程，应组织地勘、设计、监理、施工等单位和其他有关方面的专家组成验收组，制定验收方案。建设单位将验收方案呈报建设行政主管部门或工程质量监督机构审核。

F. 建设单位、施工单位将审查合格的工程竣工技术资料呈送城建档案馆归档，获取归档证明文件。

G. 建设单位或施工单位申请消防、规划、环境保护、人民防空专项验收，取得证明文件。

H. 工程质量监督机构审核同意工程竣工验收后，建设单位发出工程竣工验收告知书，明确工程竣工验收时间、地点。工程竣工验收告知书应发送参加验收的单位、验收专家组成员、工程质量监督机构。

I. 建设单位组织工程竣工验收。

按照《建设工程质量管理条例》和国家建设部的有关规定，工程竣工验收应通知工程质量监督机构参加，对工程竣工验收的组织形式、验收程序、执行技术标准和实体质量的状况进行现场监督，发现有违反建设工程质量管理规定的行为或将不合格的工程按合格验收的应责令改正。

工程竣工验收参加单位及人员：工程竣工验收应由建设单位的项目负责人和技术负责人、工程地质勘察单位项目勘察负责人、工程设计单位项目设计负责人和专业设计人员、工程监理单位的总监理工程师和各专业监理工程师、施工单位负责人和技术负责人、施工项目负责人和技术负责人及专职质量检查员、公安消防管理部门及验收人员、规划管理部门及验收人员、环境保护部门及验收人员等单位及人员参加工程竣工验收会议和实施对工程的竣工验收。

由几个施工单位负责施工的单位工程，当其中的施工单位所负责的子单位工程已按设计完成，并经自行检验，也可组织正式验收，办理交工手续。在整个单位工程进行全部验收时，已验收的子单位工程验收资料应作为单位工程验收的附件。

单位工程有分包单位施工时，分包单位对所承包的工程项目应按该标准规定的程序检查评定，总包单位应派人参加。分包工程完成后，应将工程有关资料交总包单位。

当参加验收各方对工程质量验收意见不一致时，可请当地建设行政主管部门或工程质量监督机构协调处理。建筑工程质量验收意见不一致的情况时有发生，组织协调的部门应是建设行政主管部门或工程质量监督机构，可以是当地建设行政主管部门委托的其他部门（单位），也可以是各方认可的咨询单位或组织的专家组。也可以委托具有相应资格的工程质量鉴定机构进行鉴定。

3.4 建设工程竣工验收备案制度

3.4.1 建设工程竣工验收备案制度的意义

建设工程竣工验收备案制度是加强政府对建筑工程和市政基础设施工程监督管理，防止不合格工程流向社会的一个重要手段。建设单位应依据《建设工程质量管理条例》（国务院第279号令）和建设部《房屋建筑工程和市政基础设施工程竣工验收备案管理暂行办法》（建设部第78号令），在工程竣工验收合格后的15日内将工程竣工验收报告、规划、公安消防、环境保护、人民防空、城市建设档案等部门出具的验收认可文件或准许使用文件报县级以上人民政府建设行政主管部门或其他有关部门备案。即将工程的全部资料、手续向一个专门的部门提交、展示、备案，确保工程综合资料的完整、有效，否则工程不允许投入使用。

3.4.2 建筑工程竣工验收备案制度的实施

（1）建设单位办理工程竣工验收备案应当提交下列文件：

1）工程竣工验收备案书；

2）工程竣工验收报告。竣工验收报告应当包括立项审批文件，建设单位项目管理资格审批文件，工程报建日期，施工许可证号，开工审批报告，初步设计审批文件，施工图设计文件审查意见，建设、勘察、设计、施工、监理等单位分别签署的质量合格文件及验收人员签署的竣工验收原始文件市政基础设施的有关质量检测和功能性试验资料以及备案部门认为需要提供的有关资料；

3）法律、行政法规规定应当由规划、公安消防、环保、劳动安全、人民防空、卫生防疫等部门出具的有关专业验收认可文件或者准许使用文件；

4）施工单位签署的工程质量保修书；

5）城市建设档案管理意见书；

6）工程质量监督报告；

7）法规、规章规定必须提供的其他文件，商品住宅还应当提交《住宅质量保证书》和《住宅使用说明书》。

备案部门在收讫竣工验收备案文件15日内，对备案文件进行审查并根据《质量监督报告》和有关规定决定是否同意备案。同意备案的文件作为工程竣工交付使用和办理房屋产权登记的必备文件。

（2）有下列情况之一的工程，备案部门签署不同意备案意见，并责令建设单位完善文件资料或整改，符合要求后方可备案：

1）违反《建设工程质量管理条例》规定不具备竣工验收条件的；

2）提供有关文件不齐全或严重失实的；

3）在监督过程中提出的质量问题未处理合格的。

备案部门发现建设单位在竣工验收过程中有违反国家有关工程质量管理规定行为的，应当在收讫竣工验收备案文件15日内，报请建设行政主管部门责令重新组织竣工验收。

根据有关规定，建设单位在工程竣工验收合格之日起15日内未办理工程竣工验收备案的，备案部门将责令限期整改；备案部门决定重新组织竣工验收的工程，在重新组织竣工验收前，擅自使用的；备案部门应报建设行政主管部门批准，责令停止使用；建设单位采用虚假证明文件办理竣工验收备案的，工程竣工验收无效，备案部门责令停止使用，重新组织竣工验收；并依据建设部工程竣工验收备案管理规定予以行政处罚；构成犯罪的，依法追究刑事责任。备案部门决定重新组织竣工验收的工程，建设单位擅自使用造成使用人损失的，由建设单位依法承担赔偿责任。

涉及抢险救灾工程、临时性房屋建筑工程、农民自建低层住宅工程、军用建筑工程、铁路、交通、水利等专业建设工程的竣工验收备案管理按照各系统的有关规定施行。

工程取得竣工验收备案书后，工程即取得合法权，可依据备案证明文件办理工程产权手续。

课题4　建筑工程技术资料用表

为贯彻实施《统一标准》、《归档整理规范》等技术标准，统一和规范建筑工程施工质量验收及资料整理归档行为，各省、市、自治区及直辖市都制定了相对统一的各种用表。施工单位只需在施工过程中按工程的进展情况和填表要求，如实填报即可。本课题以×××省的施工资料为例，选取施工单位一些常用的、有代表性的用表，介绍其编制方法、填报要求等。

4.1　单位工程开工报告表

4.1.1　填写要点

（1）填写本表的目的是核查建设项目开工前各种文件资料的准备情况及各种手续的完善情况。

（2）本表应由施工单位项目负责人负责填写。

（3）本表应与监理单位"工程开工报审表"配套使用。

（4）由承包单位在建设项目各种文件资料已齐备及各种手续已完善后提出此报告。

（5）"资料与文件"栏目中的相关文件资料均应有原件，以备检查。

（6）对"准备情况"栏所填内容核查无误后，由表列部门负责人签字，并加盖公章方为有效。

4.1.2　例表

"单位工程开工报告"例表见表8-2。其中，楷体字为填写的内容（以下同）。

单位工程开工报告 表8-2

工程名称	×××商厦		工程地址	××市人民南路	
建设单位	×××公司		施工单位	×××建筑公司	
工程类别	二类		结构类型	框架—剪力墙	
预算造价	3000万元		计划总投资	3000万元	
建筑面积	2000m²	开工日期	×年×月×日	竣工日期	×年×月×日

主要实物工程量	工程名称	单位	数量	主要实物工程量	工程名称	单位	数量
	土方工程	m³	×××		门窗制安工程	m²	×××
	基础混凝土工程	m³	×××		屋面防水工程	m²	×××
	主体钢筋安装	t	×××		内墙壁抹灰工程	m²	×××
	主体浇混凝土	m³	×××		楼地面工程	m²	×××
	围护墙内隔墙砌筑	m³	×××		外墙面砖×	m²	×××

资料与文件	准备情况
准备批准的建设立项文件或年度计划	建设文件已立项，年度计划已制定
征用土地批准文件及红线图	已齐备
投标、议标、中标文件	中标通知书招中[2004]第79号
施工合同或协议书	××公司[04]经字第18号
资金落实民政部的文件资料	已落实
三通一平的文件材料	已具备
施工方案及现场平面布置图	已编制
设计文件、施工图及施工图设计审查意见	设计文件、施工图已经相关审查机关审查合格，见审批意见
主要材料、设备落实情况	正在落实
施工许可证	已办理，证书编号510602200305220101
质量、安全监督手续	已办理，证书号分别为质[04]78，安[04]89

建设单位（公章）	监理单位（公章）	施工单位（公章）	主管部门意见（公章）
项目负责人：××× ×年×月×日	总监理工程师：××× ×年×月×日	项目负责人：××× ×年×月×日	注： 主管负责人：××× ×年×月×日

注：本表一式五份，建设单位、监理单位、施工单位、主管部门、城建档案馆各一份。

4.2 施 工 日 志

4.2.1 填写要点

（1）本表填写的目的是为了对施工过程中有关技术管理和质量管理活动及其效果逐日做出连续完整的原始记录。

（2）本表由施工单位项目部资料员或质检员填写。

（3）由于施工日志是每个施工日的原始记录，因此必须及时、准确、完整地记录当日施工活动的情况（包括写明当日施工的部位、施工内容、施工进度、作业动态、隐蔽工程验收、材料进出场情况、取样情况、设计变更、技术经济签证情况、交底情况、质量、安全施工情况、材料检验、试验情况、上级或政府有关职能部门来现场检查施工生产情况、劳动力安排情况等)。

(4) 施工日志应具有连续性和可追述性。连续性是指记录从工程开工到竣工之间的所有活动不得间断。如"下雨停工"、"春节放假"等均应有所表述，而不应出现日期的间断。可追述性是对日志中由于条件或技术原因当天不能解决或遗留的问题，后面的记录中应有交待，而不能出现"悬而不决"的情况。

4.2.2 例表

"施工日志"例表见表 8-3。

施工日志　　　　　　　　　表 8-3

日期	×年×月×日	星期×		平均气温	气象	
					上午	下午
施工部位	主体12层	出勤人数	操作负责人	×	×	×
		××	×××			
施工内容						

(写明当日施工的部位、施工内容、施工进度、作业动态、隐蔽工程验收、材料进出场情况、取样情况、设计变更、技术经济签证情况、交底情况、质量、安全施工情况、材料检验、试验情况、上级或政府有无来现场检查施工生产情况、劳动力安排情况等)。

例如：
1. 今天施工部位为主体施工第12（可写明标高）层Ⓐ—Ⓑ轴线①—⑨轴线，柱子钢筋与模板。
2. 今天购进江油42.5R普通水泥150t，由现场监理人员按规范进行了见证取样，并立即送到了实验室进行检测。下午进场支模钢管20t。
3. 今天由现场总监理工程师转发了"关于地下室部分填充墙体设计变更"的通知。变更通知号为×年×月×日第×号。具体内容详见该设计变更。目前该部位墙体未施工。
4. 上午由现场钢筋工长和模板工长分别对钢筋班和模板班进行了质量、安全技术交底。主要就前期出现的一些影响质量的因素进行了分析并提出了具体控制措施。
5. 下午在试验室取回了5层混凝土试压报告6份，经查混凝土强度等级均达到了设计要求，已将报告送达监理部。
6. 公司质量安全处对工地进行了全面检查，主要针对目前现场材料堆放、主体混凝土质量提出了具体要求。详细内容见会议记要。
7. 劳动力安排情况：
34名钢筋工安装柱和剪力墙钢筋
53名模板工搭设满堂架
10名钢筋车间人员加工12层板钢筋
15名普工转运材料，5名普工清扫楼层

工长	×××	记录员	×××

4.3 隐蔽工程验收记录表

4.3.1 填写要点

(1) 凡工序操作完毕，将被下道工序所掩盖、包裹而完工后无法检查的工序项目均称为隐蔽工程项目。所有隐蔽工程项目在隐蔽前都必须进行隐蔽工程验收。

(2) 填写本表的目的就是对隐蔽工程项目，特别是关系到结构安全性能和使用功能的重要部位或项目在隐蔽前进行检查，确认是否达到设计及施工规范的要求，能否进行隐蔽。

（3）隐蔽工程验收需按相应专业规范规定执行，隐蔽内容应符合设计图纸及规范要求。

（4）本表由施工单位项目部资料员或质检员填写。

（5）隐蔽工程验收由施工项目部的技术负责人提出，并提前向项目监理部报验。验收后由参验人员签字盖章后方为有效。

4.3.2 例表

"建筑工程隐蔽验收记录"的例表，见表8-4。

建筑工程隐蔽验收记录表　　　　　　　　　表8-4

工程名称	×××商厦工程	施工单位	×××建筑公司	分项工程名称	钢筋工程	图号	结施12/60
隐蔽时间	隐蔽部位、内容	单位	数量	检查情况		监理（建设单位）验收记录	
×月×日	主体二层框架柱钢筋	T	16.9	符合现行《混凝土结构工程施工质量验收规范》和设计要求		经检查，该部位钢筋品种、规格、数量均符合设计和规范要求	
有关测试资料							
名　称	测试结果	证、单编号		备　注			
φ25	合格	04-09-067		见证取样、送检			
φ10	合格	04-10-084		见证取样、送检			
附　图							
参加检查人员签字							
施工单位		监理单位			建设单位		
项目技术负责人：××		监理工程师：×××			现场代表：×××		
×年×月×日		（注册方章）×年×月×日			×年×月×日		

注：本表一式四份：建设单位、施工单位、监理单位、城建档案局各一份。

4.4 检验批验收表

4.4.1 填写要点

（1）填写本表的目的在于能够及时发现并纠正施工中出现的质量问题，确保工程质量。

（2）检验批的质量验收，其合格质量应符合《统一标准》第5.0.1条规定及相关专业规范的要求。

（3）本表由专业质量检查员填写。

4.4.2 表式与例表

"工程施工检验批质量验收记录"例表见表8-5。

砖砌体工程施工检验批质量验收记录　　　　　　　　　　表8-5

工程名称	×××	×××商厦（附属工程）		分项工程名称		砖砌体		验收部位		主体四层	
施工单位		×××建筑公司		项目负责人		×××		专业工长		×××	
施工执行标准及编号						GB 50203—2002					
质量验收规范的规定				施工单位检查评定记录						监理（建设）单位验收记录	

	质量验收规范的规定			施工单位检查评定记录						监理（建设）单位验收记录
主控项目	1. 砖强度等级必须符合设计要求			有砖出厂合格证（003号），砖强度为MU10，符合设计要求						经查验，砖出厂合格证、见证检验报告、砂浆强度报告及实体检验，符合设计和规范要求
	2. 砂浆强度等级必须符合设计要求			有砂浆强度报告（试22号），砂浆强度为M5，符合设计要求						
	3. 砖砌体转角处和交接处应同时砌筑，严禁无可靠措施的内外墙分砌施工，临时间断处砌成斜槎，斜槎水平投影长度不应小于高度的2/3			转角处、交接处均同时砌筑，无内外墙分砌，临时间断处均留砌成斜槎，斜槎水平投影长度不小于高度的2/3						
	4. 留槎正确，拉结筋应符合规范规定			留槎正确，拉结筋按设计和规范进行设置						
	5. 砂浆饱满度		≥80%	85	85	90	90	85	85	
	6. 轴线位移		≤10mm	9	9	9	6	10	7	
	7. 垂直度	每层	≤5mm	⑦	5	⑦	4	⑥	5	
		全高 ≤10m	≤10mm	7	10	6	9	8	8	
		10m	≤20mm							
一般项目	1. 组砌方法应正确			符合设计和施工规范要求						组砌方法正确，实测36点，其中合格34点，合格点率94%
	2. 水平灰缝厚度宜为8～12mm		10mm	10	10	10	10	10	10	
	3. 基础顶面、楼面标高		±15mm	+10	+9	-9	+8	+12	-9	
	4. 表面平整度	清水墙柱	5mm							
		混水墙柱	8mm	6	⑨	5	⑩	4	4	
	5. 门窗洞口高宽（后塞口）		±5mm	+4	+3	-3	-2	0	+2	
	6. 外墙上下窗口偏移		20mm	15	8	8	17	14	9	
	7. 水平灰平直度	清水墙柱	7mm							
		混水墙柱	10mm	8	7	9	6	3	5	
	8. 清水墙游丁走缝		20mm							
	共实测60点，其中合格55点，不合格5点，合格率91%									

施工单位检查评定结果	经检查，该检验批主控项目和一般项目施工质量符合设计和相关规范要求，施工质量好，资料完整，评定合格。 项目专业质量检查员：×× 项目专业质量（技术）负责人：××	×年×月×日
监理（建设）单位验收结论	经旁站检查，见证取样验收，该检验批主控项目和一般项目施工质量符合设计和相关规范要求，评定合格，可进入下道工序。 监理工程师（建设单位项目技术负责人）：××	×年×月×日

注：本表由施工项目专业质量检查员填写，监理工程师（建设单位项目技术负责人）组织项目专业质量（技术）负责人等进行验收。

4.5 分项工程验收表

4.5.1 填写要点

(1) 填写本表的目的是对该分项所包含的检验批（一个或若干个）的质量验收记录进行汇总、核查。

(2) 分项工程质量验收是在检验批验收合格的基础上进行的。一般情况下，检验批和分项工程两者具有相同或相近的性质，只是批量的大小不同而已。因此，只需先将相关的检验批汇集成一个分项工程，再行验收即可。

(3) 分项工程合格质量应符合《统一标准》第5.0.2条规定。

(4) 分项工程质量验收由施工项目专业技术员填写检查结论，监理工程师填写验收结论。

4.5.2 例表

"分项工程质量验收记录"例表见表8-6。

砖砌体分项工程质量验收记录　　　　　　　　　　　　　　表8-6

工程名称	×××商厦（附属工程）	结构类型	砖混	检验批数	14批
施工单位	×××建筑公司	项目负责人	××	项目技术负责人	××
分包单位	/	分包单位负责人	/	分包项目负责人	/
序　号	检验批部位、区段	施工单位检查评定记录		监理（建设）单位验收记录	
1	1层A区砖砌体	合　格		合　格	
2	1层B区砖砌体	合　格		合　格	
3	2层A区砖砌体	合　格		合　格	
4	2层B区砖砌体	合　格		合　格	
5	3层A区砖砌体	合　格		合　格	
6	3层B区砖砌体	合　格		合　格	
7	4层A区砖砌体	合　格		合　格	
8	4层B区砖砌体	合　格		合　格	
9	5层A区砖砌体	合　格		合　格	
10	5层B区砖砌体	合　格		合　格	
11	6层A区砖砌体	合　格		合　格	
12	6层B区砖砌体	合　格		合　格	
施工单位检查评定结果	经检查，砖砌体分项工程的检验批质量验收记录完整，质量符合设计和规范要求，评定为合格。 项目专业质量检查员：××　项目专业质量（技术）负责人：×× 　　　　　　　　　　　　　　　　　　　　　　　　　×年×月×日				
监理（建设）单位验收结论	经检查，该分项工程资料完整，符合设计和规范要求，评定为合格，同意后续工程施工。 监理工程师（建设单位项目负责人）：×× 　　　　　　　　　　　　　　　　　　　　　　　　　×年×月×日				

注：本表一式四份：建设单位、施工单位、监理单位、城建档案局各一份。

4.6 分部（子分部）工程验收表

4.6.1 填写要点

(1) 填写本表的目的是对该分部工程所有分项工程的质量验收记录进行汇总、核查，对该分部工程的质量给出结论。

(2) 对于地基与基础分部、主体分部，除填写分部工程验收记录（表8-7）外，还应分别填写地基与基础分部质量验收报告（表8-8）、主体分部质量验收报告（表8-9）。

(3) 作为分部工程质量验收，不能将其所包含的各分项工程简单地加以组合，尚须增加以下三类检查项目：

1) 对质量控制资料的专项检查；

2) 涉及安全和使用功能的地基基础、主体结构、有关安全及重要使用功能的安装分部工程应进行有关见证取样、送样试验或抽样检测；

3) 观感质量验收，这类检查往往难以定量，只能以观察、触摸或简单量测的方式进行、并由各人的主观印象判断，检查结果并不给出"合格"或"不合格"的结论，而是综合给出"好"、"一般"或"差"的质量评价。对于"差"的检查点一般应通过返修处理等措施补救。

(4) 分部（子分部）合格质量应符合《统一标准》第5.0.3条的规定。

(5) 分部（子分部）工程的验收应由参与验收的相关单位项目负责人签字方可有效。

4.6.2 例表

"分部（子分部）工程质量验收记录"见表8-7，"地基与基础分部质量验收报告"见表8-8，"主体分部质量验收报告"见表8-9。

主体结构分部（子分部）工程质量验收记录　　　　　表8-7

工程名称		×××商厦		结构类型	框 剪	层 数	地上16层
施工单位		×××建筑公司		技术部门负责人	××	质量部门负责人	×××
序号	分项工程名称		检验批数	施工单位检查评定记录		验收意见	
1	模板分项工程		32	合　格	不参加评定	各分项工程质量验收记录完整，符合设计和规范要求，该分部工程质量评定为合格，同意后续工程施工	
2	钢筋分项工程		32	合　格			
3	混凝土分项工程		32	合　格			
4	现浇结构分项工程		32	合　格			
5	填充墙砌体分项工程		16	合　格			
6							
质量控制资料				完　整		完　整	
安全和功能检验（检测）报告				完　整		完　整	
观感质量验收情况				观感质量符合设计和规范要求，质量评价好			
验收单位	分包单位			项目负责人：		年　月　日	
	施工单位			×××建筑公司 项目负责人：×××		×年×月×日	
	勘察单位			××省勘察设计院 项目负责人：×××		×年×月×日	
	设计单位			××省勘察设计院 项目负责人：×××		×年×月×日	
	监理（建设）单位			××省工程监理公司 总监理工程师（建设单位项目专业负责人）：××× ×年×月×日			

地基与基础分部工程质量验收报告

表 8-8

建设单位	×××公司	工程名称	×××商厦
施工单位	×××建筑公司	项目负责人	×××
设计单位	××省勘察设计院	基础类型	钢筋混凝土独立基础
建筑面积	20000m²	地下室层数	1
施工周期	×年×月×日—×年×月×日	验收日期	×年×月×日
实体质量检查情况	地基土为卵石层,能满足设计要求的承载力特征值大于300kPa。钢筋绑扎符合设计和施工规范;混凝土浇注密实成形较好;构造符合设计要求;经检查抽测各分项检验批主控项目合格和一般项目符合要求		
质量文件核查情况	共审查 21 项,其中符合要求 21 项,经鉴定符合要求 / 项。 审查意见:质量文件基本齐全		

检测单位检测情况: 该工程①~⑩轴线经高压喷射注浆施工后按规范选取3个点静载试验和26个N120动探点检测:地基承载力特征值大于300kPa,地基压效果好,符合设计要求。 (公章) 项目负责人:××× ×年×月×日	监理单位验收意见: 经旁站见证、取样检查验收,地基与基础分部各分项符合经审查批准设计图纸和施工规范,质量合格,同意进入下道工序施工。
施工单位评定意见: 经检查验收,地基与基础分部符合经审查批准的设计图纸和施工规范的要求,质量合格。 (公章) 企业技术负责人:××× ×年×月×日	(公章) 总监理工程师:××× ×年×月×日
设计单位验收意见: 经检查验收,地基与基础分部符合经审查批准的设计图纸的要求。 (公章) 设计项目负责人:××× ×年×月×日	勘察单位验收意见: 基槽开挖后经检查验收,场地土质与地勘报告相符,地基土为俏密卵石层,能满足设计要求的承载力特征值大于300MPa。①~⑩轴线局部软弱下卧压浆检测也符合要求。 (公章) 勘察项目负责人:××× ×年×月×日
建设单位验收结论: 经检查验收,地基与基础分部质量合格,同意进入下道工序施工。 (公章) 项目负责人:××× ×年×月×日	质量监督机构监督意见: 经监督检查,各责任主体单位均参加了相关检查验收,程序合法,同意验收。 (公章) 质量监督人员:××× ×年×月×日

注:1. 地基与基础分部工程完成后,监理单位(建设单位)应组织有关单位进行质量验收,并按规定的内容填写和签署意见,工程建设参与各方按规定承担相应责任。

2. 地基与基础分部工程质量文件按要求填写汇总表,并整理成册附后备查。

3. 质量监督机构完成监督检查工作,审查此表后签署验收程序等质量监督意见。

主体结构分部工程质量验收报告　　　　表8-9

建设单位	×××公司	工程名称	×××商厦
施工单位	×××建筑公司	项目负责人	×××
建筑面积	20000m²	结构类型	框剪
层　数	16层	验收层段	1~16层
施工周期	×年×月×日—×年×月×日	验收日期	×年×月×日
实体质量检查情况	钢筋绑扎符合设计和施工规范要求；混凝土浇筑密实，成型较好；砖体组砌正确，构造符合设计要求；预制板安装座浆平整饱满，板缝大于2cm且均匀；经抽查抽测，各分项检验批主控项目合格，一般项目符合要求。		
质量文件检查情况	共核查19项。其中符合要求19项，经鉴定符合要求／项。 核查意见：质量文件基本齐全。		
施工单位评定意见： 　　经检查验收，该工程主体分部各分项符合经审查批准的设计图纸和施工规范要求，质量合格。 （公章） 项目负责人：××× 企业技术负责人：××× 　　　　　　　　　　×年×月×日		监理单位验收意见： 　　经旁站见证、取样检查验收，主体分部各分项符合经审查批准的设计图纸和施工规范要求，质量合格，同意进入下道工序施工。 （公章） 总监理工程师：××× 　　　　　　　　　×年×月×日	
设计单位验收意见： 　　经检查验收，主体分部符合经审查批准的设计图纸要求。 （公章） 设计项目负责人：××× 　　　　　　　　　×年×月×日		建设单位验收结论： 　　经检查验收，主体分部质量合格，同意进入下道工序施工。 （公章） 项目负责人：××× 　　　　　　　　×年×月×日	
质量监督机构监督意见	经监督检查，各责任主体单位均参加了相关检查验收，程序合法，同意验收。 质量监督人员：××× 项目监督负责人：×××　　　　　　　　　　　　　　×年×月×日		

注：1. 主体结构分部工程完成后，监理单位（建设单位）应组织有关单位进行质量验收，并按规定的内容填写和签署意见，工程建设参与各方按规定承担相应质量责任。
　　2. 主体结构分部工程质量文件按要求填写汇总表，并整理成册附后备查。
　　3. 质量监督机构完成监督检查工作，审查此表后签署质量监督意见。

4.7　单位（子单位）工程观感质量检查记录表

4.7.1　填写要点

（1）填写本表的目的是为了对即将竣工交付使用的建筑工程进行全面、综合的感观评价。

（2）观感质量检查的方法与分部（子分部）工程观感质量检查方法相同，只不过涉及的内容更多、范围更广而已。

(3) 观感质量抽查的项目力求齐全、每个项目的抽查点应具有代表性，具体抽查项目及数量应由参与验收各方共同商定。

(4) "抽查质量状况"栏，一般每个子项抽查10个点左右，可以自行设定一个代号，如：好打"√"，一般打"○"，差打"×"表示。

(5) "质量评价"栏按抽查质量状况的数理统计结果，权衡给出好、一般或差的评价。

(6) "观感质量综合评价"栏由参加观感质量检查的人员根据项目质量评价情况，综合权衡得出。

(7) "检查结论"栏根据参加人员的综合评价结果填写，并由施工单位项目经理和总监理工程师等签字方为有效。

4.7.2 例表

"单位（子单位）工程观感质量检查记录"例表见表8-10。

单位（子单位）工程观感质量检查记录　　　　　　　　表8-10

工程名称		×××商厦	施工单位									×××建筑公司		
序号		项目	抽查质量状况										质量评价		
			1	2	3	4	5	6	7	8	9	10	好	一般	差
1	建筑与结构	室外墙面	√	○	√	√	√	√	√	√	√	√	√		
2		变形缝	√	√	√	√							√		
3		水落管、屋面	√	√	○	√	√	√	○	√	√	√	√		
4		室内墙面	√	√	√	○	√	√	√	√	√	√	√		
5		室内顶棚	√	√	√	√	○	√	√	○	√	√	√		
6		室内地面	√	√	√	√	√	√	√	√	√	√	√		
7		楼梯、踏步、护栏	√	√	√	√	√	√	√	√	√	√	√		
8		门窗	○	√	√	√	√	√	√	√	√	√	√		
1	给排水与采暖	管道接口、坡度、支架	√	√	√	√	√	√	√	√	√	√	√		
2		卫生器具、支架、阀门	√	○	√	√	√	√	√	√	√	√	√		
3		检查口、扫除口、地漏	√	○	○	○	○	○	√	√	√	√		○	
4		散热器、支架	√	√	√	√	√	√	√	√	√	√	√		
1	建筑电气	配电箱、盘、板、接线盒	√	√	√	√	√	√	√	√	√	√	√		
2		设备器具、开关、插座	√	√	√	√	√	√	√	√	√	√	√		
3		防雷、接地	√	√	√	√	√	√	√	√	√	√	√		
1	通风与空调	风管、支架	√	√	√	√	√	√	√	√	√	√	√		
2		风口、风阀	√	√	√	√	√	√	√	√	√	√	√		
3		风机、空调设备	√	√	○	○	√	√	√	√	√	√	√		
4		阀门、支架	√	√	√	√	○	√	○	○	√	√	√		
5		水泵、冷却塔	√	√	√	√	√	√	√	√	√	√	√		
6		绝热	√	√	√	○	√	√	√	○	√	√	√		

续表

工程名称		×××商厦	施工单位									×××建筑公司		
序号		项目	抽查质量状况									质量评价		
			1	2	3	4	5	6	7	8	9	10	好	一般	差
1	电梯	运行、平门、开关门	√	√	√	√	√	○	√	√	√		√		
2		层门、信号系统	√	√	√	√	○	√	√	○	√		√		
3		机房	√	○	○	√	√	√	√	√			√		
1	智能建筑	机房设备安装及布局	√	√	○	√	√	√	√	√	√		√		
2		现场设备安装	√	√	√	√	√	○	○	√			√		
3															

共实测26项，其中好25项，一般1项，差0项

观感质量综合评价	综合质量评价"好"
自评意见： 　经检查，本工程观感质量符合质量验收规范和设计要求，综合检查结果评定为"好"。	结论： 　经综合验收组抽查，本工程处检查口、地漏稍差外、其余项目均较好。 　本工程观感符合质量验收规范和设计要求，同意施工单位自评意见。
施工单位项目负责人：××× 　　　　　　　　×年×月×日	总监理工程师：××× （建设单位项目技术负责人）　　×年×月×日

注：1. 好：打"√"；一般：打"○"；差：打"×"。质量评价为"差"的项目，应进行返修。
　　2. 本表一式四份：建设单位、施工单位、监理单位、城建档案局各一份。

4.8 单位（子单位）工程安全和功能检验资料核查及主要功能抽查记录表

4.8.1 填写要点

（1）填写本表的目的是对影响建筑工程安全和功能的各种检测（查）、试验记录进行复查，对主要使用功能进行最终的综合检验。

（2）"核查意见"栏由施工单位项目（技术）负责人对涉及工程安全和使用功能的检验资料逐项进行检查后，填写是否"完整"的核查意见。

（3）"抽查结果"栏由监理工程师根据抽查结果填写是否"完整"的抽查意见。抽查项目由验收小组协商确定。

（4）涉及安全和功能检验资料应全面检查其完整性，不得有漏检缺项。

（5）"结论"栏由总监理工程师根据资料检查和抽查结果给出明确的结论。

4.8.2 例表

"单位（子单位）工程安全和功能检验资料核查及主要功能抽查记录"例表见表8-11。

单位（子单位）工程安全和功能检验资料核查及主要功能抽查记录　　表8-11

工程名称		×××商厦		施工单位		×××建筑公司
序号	项目	安全和功能检查项目	份数	核查意见	抽查结果	核查（抽查）人：
1	建筑与结构	屋面淋水试验记录	2	完整	合格	×××
2		地下室防水效果检查记录	2	完整	合格	×××
3		有防水要求的地面蓄水试验记录	4	完整		×××
4		建筑物垂直度、标高、全高测量记录	5	完整		×××
5		抽气（风）道检查记录	2	完整		×××
6		幕墙及外窗气密性、水密性、耐风压检测报告	3	完整	合格	×××
7		建筑物沉降观测测量记录	3	完整		×××
8		节能、保温测试记录	2	完整	合格	×××
9		室内环境检测报告	—			
10						
1	给排水与采暖	给水管道通水试验记录	2	完整	合格	×××
2		暖气管道、散热器压力试验记录	—	—		
3		卫生器具满水试验记录	7	完整	合格	×××
4		消防管道、燃气管道压力试验记录	1	完整		×××
5		排水干管通球试验记录	3	完整		×××
6						
1	电气	照明全负荷试验记录	1	完整	合格	×××
2		大型灯具牢固性试验记录	2	完整		×××
3		避雷接地电阻测试记录	2	完整		×××
4		线路、插座、开关接地检验记录	3	完整	合格	×××
5						
1	通风与空调	通风、空调系统试运行记录	2	完整	合格	×××
2		风量、温度测试记录	5	完整		×××
3		洁净室洁净度测试记录	—	—		
4		制冷机组试运行调试记录	1	完整	合格	×××
5						
1	电梯	电梯运行记录	1	完整	合格	×××
2		电梯安全装置检测报告	3	完整		×××
1	智能建筑	系统试运行记录	1	完整	合格	×××
2		系统电源及接地检测报告	2	完整		×××
3						

自评意见：
经核查，安全和功能检验资料完整。

施工单位项目经理：×××
×年×月×日

结论：经抽查，安全和功能检验资料完整，主要使用功能的检查结果符合质量验收规范的规定，同意验收。
总监理工程师：×××
（建设单位项目负责人）
×年×月×日

注：抽查项目由验收组协商确定。

4.9 单位（子单位）工程质量控制资料核查记录表

4.9.1 填写要点

(1) 填写本表的目的是进一步核查建筑工程的各种质量控制资料是否完整。

(2) "核查意见"栏由施工单位项目（技术）负责人对各种质量控制资料检查后，填写是否完整的核查意见。

(3) "完整"应为资料项目和数量齐全，无漏检缺项，个别项目内容虽有欠缺，但不影响结构物安全和使用功能要求。

(4) "结论"栏由总监理工程师根据检查情况和抽查情况给出明确结论。

4.9.2 例表

"单位（子单位）工程质量控制资料核查记录"例表见表8-12。

单位（子单位）工程质量控制资料核查记录　　　　　表8-12

工程名称		×××商厦		施工单位	×××建筑公司
序号	项目	资 料 名 称	份数	核查意见	核查人
1	建筑与结构	图纸会审、设计变更、洽商记录	12	完整	×××
2		工程定位测量、放线记录	2	完整	×××
3		原材料出厂合格证书及进场检（试）验报告	23	完整	×××
4		施工试验报告及见证检测报告	20	完整	×××
5		隐蔽工程验收记录	35	完整	×××
6		施工记录	18	完整	×××
7		预制构件、预拌混凝土合格证	5	完整	×××
8		地基、基础、主体结构检验及抽样检测资料	3	完整	×××
9		分项、分部工程质量验收记录	6	完整	×××
10		工程质量事故及事故调查处理资料	—	—	
11		新材料、新工艺施工记录	3	完整	×××
12					
1	给排水与采暖	图纸会审、设计变更、洽商记录	13	完整	×××
2		材料、配件出厂合格证书及进场检（试）验报告	32	完整	×××
3		管道、设备强度试验、严密性试验记录	4	完整	×××
4		隐蔽工程验收记录	13	完整	×××
5		系统清洗、灌水、通水、通球试验记录	4	完整	×××
6		施工记录	12	完整	×××
7		分项、分部工程质量验收记录	17	完整	×××
8					

续表

工程名称		×××商厦		施工单位	×××建筑公司
序号	项目	资料名称	份数	核查意见	核查人
1	建筑电气	图纸会审、设计变更、洽商记录	4	完整	×××
2		材料、设备出厂合格证书及进场检（试）验报告	15	完整	×××
3		设备调试记录	2	完整	×××
4		接地、绝缘电阻测试记录	4	完整	×××
5		隐蔽工程验收记录	10	完整	×××
6		施工记录	8	完整	×××
7		分项、分部工程质量验收记录	13	完整	×××
8					
1	通风与空调	图纸会审、设计变更、洽商记录	5	完整	×××
2		材料、设备出厂合格证书及进场检（试）验报告	10	完整	×××
3		制冷、空调、水管道强度试验、严密性试验记录	3	完整	×××
4		隐蔽工程验收记录表	6	完整	×××
5		制冷设备运行调试记录	2	完整	×××
6		通风、空调系统调试记录	2	完整	×××
7		施工记录	23	完整	×××
8		分项、分部工程质量验收记录	16	完整	×××
9					
1	电梯	土建布置图纸会审、设计变更、洽商记录	3	完整	×××
2		设备出厂合格证书及开箱检验记录	2	完整	×××
3		隐蔽工程验收表	2	完整	×××
4		施工记录	3	完整	×××
5		接地、绝缘电阻测试记录	2	完整	×××
6		负荷试验、安全装置检查记录	2	完整	×××
7		分项、分部工程质量验收记录	7	完整	×××
8					
1	建筑智能化	图纸会审、设计变更、洽商记录、竣工图及设计说明	4	完整	×××
2		材料、设备出厂合格证、技术文件及进场检（试）验报告	5	完整	×××
3		隐蔽工程验收表	2	完整	×××
4		系统功能测定及设备调试记录	1	完整	×××
5		系统技术、操作和维护手册	2	完整	×××
6		系统管理、操作人员培训记录	3	完整	×××

续表

工程名称	×××商厦		施工单位	×××建筑公司	
序号	项目	资 料 名 称	份数	核查意见	核查人
7	建筑智能化	系统检测报告	1	完 整	×××
8		分项、分部工程质量验收报告	3	完 整	×××
9					

自评意见： 经核查，质量控制资料完整，符合规范要求。 施工单位项目经理：××× ×年×月×日	结论： 经抽查65份质量控制资料均完整，同意验收。抽查情况详见质量保证资料检查记录表（JL—003） 总监理工程师：××× （建设单位项目负责人）×年×月×日

注：抽查项目由验收组协商确定。

4.10 单位（子单位）工程质量竣工验收记录表

4.10.1 填写要点

（1）填写本表的目的是对已完工的单位（子单位）工程质量进行综合验收，确认其是否满足各项功能要求，能否交付使用。

（2）验收记录由施工单位项目（技术）负责人填写。

（3）验收结论由总监理工程师（或建设单位项目负责人）填写，"观感质量验收"栏填写是否"符合要求"，其余栏填写是否"验收合格"。

（4）综合验收结论由参加验收各方共同商定后由建设单位填写，应对工程是否符合设计和规范要求及工程总体质量是否合格做出评价，验收时检查出的工程（资料）问题应作为附件附于后面，以便监理单位责成施工单位进一步完善或处理。

（5）参加验收的各相关单位应给出明确的结论，并签字、盖章方为有效。

4.10.2 例表

"单位（子单位）工程质量竣工验收记录"例表见表8-13。

单位工程质量竣工验收记录　　　　　表8-13

工程名称	×××商厦	结构类型	框架	层数/建筑面积	16层/20000m²
施工单位	×××建筑公司	技术负责人	×××	开工日期	×年×月×日
项目负责人	×××	项目技术负责人	×××	竣工日期	×年×月×日
序号	项　　目	验　收　记　录			验 收 结 论
1	分部工程	共9分部，经查9分部 符合标准及设计要求9分部			验收合格
2	质量控制资料核查	共43项，经审查符合要求43项， 经核定符合规范要求0项			验收合格

续表

工程名称	×××商厦	结构类型	框架	层数/建筑面积	16层/20000m²
施工单位	×××建筑公司	技术负责人	×××	开工日期	×年×月×日
项目负责人	×××	项目技术负责人	×××	竣工日期	×年×月×日

序号	项目	验收记录	验收结论
3	安全和主要功能核查及抽查结果	共核查23项，符合要求23项，共抽查15项，符合要求15项，经返工处理符合要求0项	验收合格
4	观感质量验收	共抽查26项，符合要求26项，不符合要求0项	符合要求
5	综合验收结论	经综合验收组检查，该工程质量符合设计和规范要求，总体质量评定合格。同时该工程存在着一些问题需要整改，详见附件。附件：工程检查记录。	

参加验收单位	建设单位	监理单位	施工单位	设计单位
	（公章）同意验收结论单位（项目）负责人：×××××年×月×日	（公章）同意验收结论总监理工程师：×××××年×月×日	（公章）同意验收结论单位负责人：×××××年×月×日	（公章）同意验收结论单位（项目）负责人：×××××年×月×日

注：本表一式四份：建设单位、施工单位、监理单位、城建档案局各一份。

4.11 施工组织设计（方案）报审表

4.11.1 填写要点

（1）填写的目的是为了将承包单位编制的"施工组织设计（方案）"报监理项目部审查，审查通过的"施工组织设计（方案）"才能做为承包单位施工的依据。

（2）"施工组织设计（方案）"经施工单位项目负责人和技术负责人（或总工程师）审查批准后，签字盖章后，填写本表，并随同"施工组织设计（方案）"一起呈送项目监理机构。

（3）当发现施工组织设计（方案）中存在问题需要修改时，应由总监理工程师签署书面修改意见，退回承包单位修改后再重新报审。

（4）经总监理工程师审查同意后的施工组织设计（方案）应报送建设单位确认。

（5）施工组织设计（方案）审查必须在工程项目开工前完成。

（6）承包单位应按审定的施工组织设计（方案）组织施工，在施工过程中，如需对其内容进行调整、补充或做较大变更时，应在实施前将其内容书面报送项目监理机构，按程序重新审定。

4.11.2 例表

"施工组织设计（方案）报审表"例表见表8-14。

施工组织设计（方案）报审表　　　　　　　表 8-14

工程名称：×××商厦　　　　　　　　　　　　　　　　　编号：××-×××

致　__四川工程监理公司__　（监理单位）：
　　现报上　_×××商厦_　施工组织设计（方案）（全套、_部分_），已经我单位上级技术负责人审查批准，请予审查。
　　附：施工组织设计（方案）

承包单位项目部（公章）：_____　　　　　项目负责人（签字）：__×××__
项目技术负责人（签字）：__×××__　　　　　日期：×年×月×日

专业监理工程师审查意见：
　　1. 同意　2. 不同意　3. 按以下主要内容修改补充
　　原则上同意按该施工组织设计（方案）组织施工，但对该施工组织设计中"后浇带的施工"及"筏板大体积混凝土施工"，应编制详细可行的专项质量技术措施和施工方案，确保工程施工质量和安全。

　　专业监理工程师（签字）：__×××__　　　　　　　　　　　　　日期：×年×月×日

总监理工程师审查意见：
　　1. 同意　2. 不同意　3. 按以下内容修改补充后
　　同意专业工程师的意见，应将补充的专项质量技术措施和施工方案报送批准后方可施工。

　　并于__××__月__××__日前报来。

　　项目监理机构（公章）：
　　　　总监理工程师（签字）：__×××__　　　　　　　　　　　　日期：×年×月×日

注：本表由施工单位填写，一式三份，连同施工组织设计一并送项目监理机构审查。建设、监理、施工单位各一份。

4.12　工程开工报审表

4.12.1　填写要点

（1）填写本表的目的是承包单位完成各种施工准备工作后向项目监理机构提交审查，确定建设项目是否具备开工条件。只有项目监理机构同意开工，承包单位才能组织实施。

（2）本表在报送审查时，承包单位应在表中加盖公章，并由项目负责人签字。"工程开工报告"作为附件，一并呈报。

（3）对涉及结构安全或对工程质量产生较大影响的分包单位，分包单位应填此表并经总包单位签署意见报总监理工程师批准。

4.12.2　例表

"工程开工报审表"例表见表8-15。

工程开工报审表　　　　　　　　　　　　　　表8-15

工程名称：×××商厦　　　　　　　　　　　　编号：总2004-08

致　××省监理公司　（监理单位）：
　　我方承担的　×××商厦　工程，已完成以下各项工作：
　　一、施工组织设计（方案）已审批　　　☑
　　二、劳动力按计划已就绪　　　　　　　☑
　　三、机械设备已就绪　　　　　　　　　☑
　　四、管理人员全部到位　　　　　　　　☑
　　五、开工前各种手续已办妥（见附件）　☑
　　六、质量管理、技术管理制度已制定　　☑

附：开工报告
特请申报开工，请批准。

承包单位（公章）：_____　项目负责人（签字）：__×××__　日期：×年×月×日

总监理工程师审查意见：
　　经检查验收，以上各项准备工作已基本就绪，具备施工条件，满足开工要求，同意开工。同时，在×月×日施工联系会上决定于××××年×月×日为本工程正式开工日。

项目监理机构（公章）：____　总监理工程师（签字）：__××__　日期：×年×月×日

注：本表由施工单位填写，一式三份，建设、监理、施工单位各一份。

4.13　分包单位资格报审表

4.13.1　填写要点

（1）填写本表的目的是总承包单位在确定分包单位前，将拟选择的分包单位的资质文件报项目监理机构进行审查，以确定其是否具备分包资格和进场施工的条件。只有项目监理机构签署同意意见，总承包单位方能与分包单位签订合同并进场施工。

（2）本表应根据合同条款，填写分包工程的名称、工程量、部位、分包工程总造价及其占总包合同的百分率；主要应审查分包单位的资质文件是否齐全、合格、有效，必要时，项目监理机构（或建设单位）可会同总承包单位对分包单位进行实地考察，以验证分包单位有关资料的真实性。同时还应核查分包单位专职管理人员是否落实到位，特种作业人员是否具有合法的资格证、上岗证等。在此基础上，由专业监理工程师填写"符合分包要求"或者"不符合分包要求"的结论。

（3）本表先由专业监理工程师进行审查后签署意见，再由项目总监理工程师签认。

4.13.2 例表

"分包单位资格报审表"例表见表8-16。

分包单位资格报审表 表8-16

工程名称：××××商厦　　　　　　　　　　　　　　　编号：××-×××

致×××监理公司（监理单位）：

我公司拟选的分包单位×××防水工程公司具有承担下述工程的施工资质和施工能力，法人代表　×××　，可以保证工程按合同文件的规定执行。分包后，我们负总包责任，请予以批准。

1. 分包单位资质材料3份3张　　　2. 分包单位业绩材料4份4张

①营业执照复印件　　（1张）　　①企业介绍　　　　　　（1张）
②企业资质证书　　　（1张）　　②历年承包主要工程介绍（1张）
③有关许可证　　　　（1张）　　③企业主要人员履历表　（1张）
　　　　　　　　　　　　　　　　④本项目负责人履历表　（1张）

承包单位项目部（章）＿＿＿　项目负责人（签字）：×××　日期：×年×月×日

分包工程名称	工程量	部　位	分包总价	占总包合同总价的%
屋面防水	1500m²	屋　面	67500元	1.1
合　计				

分包工程的开工日期：×年×月×日
分包工程预计完工日期：×年×月×日

专业监理工程师审查意见： 经审查，该分包单位符合承担屋面防水工程条件。 专业监理工程师：　××× 日期：×年×月×日	总监理工程师审核意见： 同意进场施工。 项目监理机构（公章）：＿＿＿ 总监理工程师：　××× 日期：×年×月×日

注：本表由施工单位填写，一式三份，送监理单位审查，建设、监理、施工单位各一份。

4.14 工程施工进度计划报审表

4.14.1 填写要点

（1）填写本表的目的是对承包单位将工程施工进度计划（或调整计划）报项目监理机构进行审查确认，以保证各项工作的顺利开展和进度目标的实现。

（2）本表应由承包单位填写编制说明或计划表，并由编制人、项目负责人签字。

（3）监理工程师根据施工进度计划的审查结果填写"同意"、"不同意"或者"应补充"的意见，或在审查意见栏相应位置中画"√"表示。

（4）调整计划是在原有计划已不适应实际情况，为确保进度控制目标的实现，需要确定新的计划目标时对原有进度计划的调整。进度计划的调整方法一般采用压缩关键工作的持续时间来缩短工期及通过组织搭接作业、平行作业来缩短工期两种方法。对于调整计划，不管采取哪种调整方法，都会增加费用或延长工期，因此，这些调整必须得到项目监理机构的批准。

4.14.2 例表

"工程施工进度计划（调整计划）报审表"例表，见表8-17。

工程施工进度计划（调整计划）报审表　　　　　　　　　表8-17

工程名称：×××商厦　　　　　　　　　　　　　　　编号：××-×××

致×××监理分公司（监理单位）：

兹报上×××商厦工程，施工进度计划（调整计划），请予审查批准。

编制说明：

1. 工程施工图纸
2. 工程承包图纸
3. 施工工期定额
4. 相关的技术规范
5. 公司技术实力、机械设备情况及企业管理条例、制度
6. ISO9000标准施工程序控制文件
7. 该大厦勘察报告99—128
8. 甲方提供的×××商厦坐标图、高程图、红线定位图

附件：计划表

编制人（签字）：　×××　　　　　　日期×年×月×日
总承包单位（公章）：　　　项目负责人（签字）：　×××　　　日期×年×月×日

监理工程师审查意见：

1. 同意 √　　　2. 同意　　　3. 应补充

专业监理工程师（签字）：×××　　　　日期　　×年×月×日
项目监理机构（公章）：　　　总监理工程师（签字）：×××　　　日期×年×月×日

注：本表由施工单位填写，一式三份，审核后建设、监理、施工单位各一份。

4.15 施工测量放线报审表

4.15.1 填写要点

（1）填写本表的目的是承包单位将正进行的工程或部位的测量放线报项目监理机构进行核查和确认。

（2）承包单位应根据甲方提供的坐标点、施工总平面图、设计要求，组织有工程测量放线经验的人员从事此项工作。在反复检查、核对无误后，将填表和附图报监理工程师审查。

（3）附件中应有测量或放线的依据及测量放线计算书、成果，必要时应有附图。

（4）放线内容应注明标高或建筑物的相互位置。

4.15.2 例表

"施工测量放线报审表"例表见表8-18。

施工测量放线报审表   表 8-18

工程名称：×××商厦   编号：××-×××

致 ××省工程监理公司（监理单位）
根据合同要求，我们已完成×××商厦工程的施工放线，工作清单如下，请予查验。
附件：
1. 测量放线依据及放线成果
2. 测量仪器校验证书

项目负责人（签字）：×× 项目技术负责人（签字）：×× 放线员（签字）：×××

工程或部位名称	放 样 内 容	备 注
一层柱、梁	柱、梁轴线：Ⓐ~Ⓕ及①~⑨间	

监理工程师审查意见：
经检查核实，所放轴线位置符合规划及总平面的要求。

查验合格 ☑

纠正差错后合格 ☐

纠正差错后再报 ☐

总监理工程师（签字）：×× 专业监理工程师（签字）：××   日期：×年×月×日

注：本表由承包单位填写，一式三份，送监理单位审查，建设、监理、承包单位各留一份。

4.16 建筑材料报审表

4.16.1 填写要点

（1）填写本表的目的是项目监理机构对承包单位的进场材料进行查验、确认。

（2）应将材料出厂质量证明书（合格证）与材料自检和复试报告等相关资料作为附件，附于本表后。

（3）填写要求：

1）材料名称应齐全，本表所列各项应完整填写，不得缺漏；

2）当材料来源为非生产厂直供时，相应栏内应加填产地；

3）用途一栏应分别填写用于结构的部位或应用的地方、类型；

4）规格和种类应分项填写；

5）试样来源应分别填为抽样、见证取样或送样；

6）试验日期栏内，应将试验人员填入；

7）专业监理工程师意见栏中应有明确表态，同意时应将斜线下"不同意"三字用双实线划掉（或在"同意两字上打"√"），未填内容的空白竖向大栏划去；

8）本表签字及签章应及时，日期应准确。

（4）对新材料、新产品，承包单位应报送经有关法定部门鉴定、确认的证明文件；对进口材料，承包单位还应报送进口商检证明文件，其质量证明文件即质量合格证书，应该是中文文本（证明文件一般应为原件，如为复印件，需加盖经销部门鲜章，并注明原件存放处)。

4.16.2 例表

"建筑材料报审表"例表见表8-19。

建筑材料报审表　　　　　　　　　　　　　　　　表8-19

工程名称：×××商厦　　　　　　　　　　　　　　　　编号：××-×××

致××省工程监理公司（监理单位）：

我方于×年×月×日进场的工程材料如下，现将质量证明文件及自检结果报上。

附件：
1. 材料出厂质量证明书　　　（4份）
2. 材料自检试验报告　　　　（4份）

承包单位项目部（公章）：_____　　项目负责人（签字）：×××　日期：×年×月×日

材料名称		螺纹钢	圆钢	水泥	钢板
材料来源、产地		成钢 ××牌	成钢 ××牌	江油 ××牌	首钢 ××牌
用途		二层框架 柱梁主筋	二层框架 柱梁箍筋	底层现浇板	预埋件
材料规格		$\phi25$	$\phi10$	42.5	$\delta28$
本批材料数量		42t	35t	120t	1.2t
施工单位的试验	试样来源	现场有见证取样	现场有见证取样	现场有见证取样	现场有见证取样
	取样地点	施工现场钢材库	施工现场钢材库	施工现场搅拌站	施工现场钢材库
	取样日期	2004.12.7	2004.12.10	2004.12.6	2004.12.7
	试验日期	2004.12.8 试验人：×××	2004.12.12 试验人：×××	2004.12.8 试验人：×××	2004.12.8 试验人：×××
	试验结果	符合规范规定	符合规范规定	符合规范规定	符合规范规定
现场见证取样人签字		×××	×××	×××	×××
专业监理工程师意见 （附审查报告）		同意/不同意	同意/不同意	同意/不同意	同意/不同意

项目监理机构（公章）：_____　　　专业监理工程师（签字）：×××　日期：×年×月×日
　　　　　　　　　　　　　　　　　总监理工程师（签字）：×××　日期：×年×月×日

注：本表由承包单位填写，一式三份，审核后建设、监理、承包单位各留一份。

4.17 建筑工程资料的数字处理

建筑施工资料表格是施工技术资料的重要组成部分，它全面反映了建筑工程的施工过程及工程质量状况。资料表格的填写也是施工中的难点，如果由于填写不规范，不完整，使表格不能真正反映建筑工程的实际情况，给施工单位在工程竣工移交和评优时带来很多不必要的麻烦。

目前国内建筑工程资料档案管理相对落后，工程档案归档后大多只能手工完成检索、查询、统计等工作，存在以下突出的问题和困难：

（1）多数建筑工程资料档案不能实现数据共享，档案一经建立，便"束之高阁"，不能有效地为建筑工程技术管理提供准确资料，不能依据已有的数据排定工作实施计划；

（2）查询、检索困难，速度慢。无法按指定的项目快速进行查询，每次指定查询要翻查所有的技术档案。由于年代的久远、档案保存维护管理不善以及人事变更等都会给档案查询、检索工作造成困难；

（3）不便于进行统计工作。每项特定的数据汇总统计（例如工程数量、工程性质、高层建筑数量、建筑面积、消防设施等情况）要翻查所有的技术资料，无法快速、准确进行统计，而且花费大量的时间和精力。同时由于工作疏忽可能导致统计数据不准确；

（4）不利于对建筑工程产品和建筑工程企业实施管理。建筑工程资料报表虽已对施工活动全过程进行了登录，但由于数据不能实现共享，统计、检索、查询困难，不便于宏观管理和廉政建设的开展。

计算机辅助管理，就是从模拟手工的档案管理入手，以计算机为辅助手段，帮助档案人员从繁重的手工劳动中解脱出来，实现全方位、多层次、多功能的管理，随着办公计算机日渐普及，多媒体、网络技术的广泛采用，运用计算机进行档案资料辅助管理已成为一种不可改变的趋势。

运用计算机进行档案资料辅助管理，可以实现一次输入，多次享受，从而减轻劳动，提高质量效率。将计算机应用于档案管理中，借助计算机高速处理信息的优势，配合设计完善的应用软件程序，把许多手工管理中重复的、有规律可循的部分进行处理并完成，不仅能把档案管理人员从繁重的手工劳动中解脱出来，而且能提高工作效率和质量。

运用计算机进行档案资料辅助管理，能实现检索多层次，查找多途径，提高档案查全、查准率。档案工作运用计算机辅助管理，突出的优势就体现在档案检索。在手工管理时，档案人员需花费大量的人力和精力去编制各种检索工具，如全引目录、文号索引、专题索引、文件卡等，这些检索工具无论是一片式的，还是书本式的，虽然都能达到检索的目的，但检索途径单一，一般一种工具只具有一种途径，且有的检索工具（如文件卡）使用复杂，只有专业人员才能运用自如，因此在面对各种利用要求时，特别是在没有直接的利用线索时，查找某文件则十分困难，费时又费力。

目前的建筑工程资料管理的软件层出不穷，现以××省常见的"建龙工程管理系列软件"为例简单介绍其功能，该系列包括许多子系统，用于工程资料管理的是"建筑工程质量验收资料管理系统"。该软件主要包括工程项目从报建开始到施工检验批数字化表格填写、分项分部单位工程的自动生成、监理（建设）单位签字审核、项目监督备案管理、项目建设（监理）资料管理、检测报表、强制性条文检查、安全生产保证体系、施工技术交底、施工日记等内容。软件具有自动进行分项、分部及单位工程和检验项目合格点率的数据自动分析统计；检验批验收记录表具有规范组专家所整理的填表说明的及时帮助和辅助填写功能，可大大提高填表工作的效率以及指导填表工作的作用；可隐藏和展开带有子项的规范条目；混凝土强度合格评定表自动分析计算；隐蔽验收记录插入工程图形等功能。这些内容和功能基本满足施工现场从开工到竣工各种表格填写的需要，为工程质量的管理信息的数字化、标准化进程打下良好的基础。

实 训 课 题

实训1.由教师收集当地施工企业的完整的工程项目竣工资料数套,组织学生翻阅,熟悉施工资料整理的方法。

实训2.由教师收集当地施工单位所用表格,整理成册,发给学生做为作业并在课堂上组织统一讲解。

复习思考题

1. 建设工程档案归档的意义是什么?
2. 建设工程档案归档有几个方面的含义?
3. 各相关单位在建设工程资料的归档管理时有什么职责?
4. 什么是建设工程档案?
5. 建设工程资料的分类有哪些?
6. 建设工程资料的归档的时间要求、档案数量要求、归档工作程序要求是什么?

单元 9　工程项目监理制度

知识点：我国工程项目监理的基本状况以及工程项目监理的基本概念。

教学目标：要求学生了解我国工程项目监理在项目管理中的地位及作用，熟悉这一角色在实施工程项目三大控制中应承担的工作和发挥的作用。掌握工程项目监理的基本程序、基本方法和基本任务。

课题 1　工程项目监理制度概述

1.1　我国工程建设监理制度的由来

自 1988 年建设部在全国试点推行建设监理制，到现在已有十数年，在这期间，建设监理制经历了一个从无到有，从不成熟到成熟的过程，逐渐成为我国工程建设活动中不可缺少的重要组成部分。

根据 1997 年 11 月 1 日颁布的《中华人民共和国建筑法》，我国实行的是强制建筑工程监理制。这种强制性适合于中国现有国情，有利于更广泛、高效地推行建设监理制，提高建筑业的整体素质和工程质量。

工程建设监理制是建设领域划时代的改革，由传统的两元结构变为三元结构，出现了秉公执法的第三方。如果说政府监督属监管的宏观层面，则工程建设监理属于监管的微观层面。其所属的地位决定了它具有服务性、独立性、公正性和科学性。建设监理工作应按照程序进行，科学地运用监理的基本方法和手段。监理组织应根据具体情况确定，要注意自身素质的提高，各类各层次的监理人员应认真履行自己的基本职责。建设监理的内容涵盖了多个建设阶段。其目标控制主要集中在投资、进度、质量三大目标组成的目标系统，并把它们当作一个整体来实施控制。

1.1.1　监理

所谓"监理"是一个机构或执行者，依据某一项准则，对某一行为的有关主体进行监督、检查和评价，并采取组织、协调、疏导等方式，促使人们相互密切协作，按行为准则办事，顺利实现群体或个体的价值，更好地达到预期目的。

1.1.2　工程建设监理

工程建设监理是指建设监理单位接受业主的委托和授权，根据国家批准的工程项目建设文件、有关工程建设法规和工程建设监理合同以及工程建设合同所进行的旨在实现项目投资目的的微观监督管理活动。

1.1.3　工程建设监理与政府工程质量监督

建设监理在我国推行初期，包含两层含义：政府监理和社会监理。政府监理是由政府、部门对业主和承建者的资质和活动及其所属的社会监理单位的资质和活动进行的宏观监理，带有强制性。社会监理是企事业单位接受业主的委托，对工程建设行使监理职能。目前，建设监理通称社会监理，政府监理被称为监督。

(1) 政府监督

政府对工程项目进行监督管理，这是由政府本身的职能和工程建设的特点所决定的。政府从执行社会经济管理职能和维护社会公共利益出发，必须对工程建设进行监督。政府为保证工程建设的最终质量、交工时间、价格与合同关系合理合法，不但要对项目决策、规划、设计进行监督管理，还要对建设参与各方及其在建设过程中的行为进行监督。政府监督职能具有法律性和强制性。

1) 政府建设监督的性质

A. 强制性与法律性

政府有关机关代表社会公共利益对建设参与者及建设过程所实施的监督管理是强制性的，被监督者必须接受。而政府强制性监督的依据是国家的法律、法规、方针、政策和国家或其授权机构颁布的技术规范、规程与标准，因而又是法令性的。它主要通过监督、检查、许可、纠正、禁止等方式来强制执行。

B. 全面性

政府建设监督既包含对全社会各种工程建设的参与人，即建设单位、设计、施工和供应单位及他们的行为进行监督；又贯穿于从建设立项、设计、施工、竣工验收直到交付使用全过程中的每一阶段的监督。因此政府建设监督的对象范围和内容都是全面的。

C. 宏观性

政府建设监督虽然全面，但其深度达不到直接参与日常活动监理的细节，而只限于以维护公共利益、保证建设行为规范性和保障建设参与各方合法权益的宏观管理。

2) 政府建设监督的职能

政府建设监督包括两大职能：一是对建设行为实施的监督；二是对社会监理单位实行的监督管理。

A. 政府对建设行为实施监督的职能

我国是以公有制经济为主体多种经济成分并存的社会主义国家。尽管建设投资来源多元化，但现阶段投资主体主要还是国家和集体，仍是以公有制为主。因此政府对建设的监督就要兼顾"公众利益"和"投资者利益"两个方面。

根据上述原则，我国政府对建设行为的管理包括全社会所有建设项目决策阶段的监督、管理和工程建设实施阶段的监督。按照我国已形成的政府对建设活动管理的格局，这一职能是分布在不同政府部门分别实施的。

B. 政府对社会监理单位实行监督管理的职能

政府建设主管部门对社会监理单位实行监督管理的职能，主要是制定有关的监理法规政策、审批社会监理单位的设立、资质等级、变更、奖惩、停业、办理监理工程师的注册、监督管理社会监理单位和监理工程师工作等。

3) 政府建设监督机构的职责

A. 建设部建设监督的主要职责：

a. 起草或制定建设监理法规、并组织实施；

b. 制定监理单位和监理工程师资质标准及审批办法，并监督实施；

c. 审批甲级监理单位资质；

　　d. 指导和管理全国建设监理工作；

　　e. 参与大型工程项目建设的竣工验收。

　B. 省、自治区、直辖市建设行政主管部门建设监督的主要职责：

　　a. 贯彻执行建设监理法规，起草或制定监理实施办法或细则，并组织实施；

　　b. 组织监理工程师资质考试，颁发资质证书，审批本辖区内的监理单位资质；

　　c. 指导和管理本行政区域的工程建设监理工作；

　　d. 根据同级人民政府的规定，组织或参与工程项目建设的竣工验收。

　C. 国务院有关专业部建设监督的主要职责：

　　a. 贯彻执行建设监理法规，根据需要制定实施办法，并组织实施；

　　b. 组织本部门监理工程师的资质考核，颁发资质证书，审批由本部门管理的监理单位的资质；

　　c. 指导和管理本部门的工程监理工作；

　　d. 组织或参与本部门大中型工程项目建设的竣工验收。

（2）工程建设监理与政府建设监督的区别

工程建设监理与政府建设监督都属于工程建设领域的监督管理活动，但是前者属于社会的民间行为，后者属于政府行为。它们在工作性质、任务范围、工作深度以及工作方法、手段等多方面存在明显差异。

1）性质不同

政府工程质量监督具有强制性与执法性，而工程建设监理是一种委托性的服务活动。

2）工程范围不同

工程建设监理的工作范围伸缩性大。它因业主委托范围大小而变化，如果是全过程监理，其范围为从工程立项开始到工程竣工后的保修期内的各个阶段。如果是施工阶段监理，其范围一般是施工阶段及工程保修期，而政府工程质量监督则贯穿于建设的全过程，即从建设项目立项开始到竣工验收，投入使用。

3）工作依据不尽相同

政府工程质量监督以国家、地方颁发的有关法律和工程质量条例、规定、规范等法规为基本依据；而工程建设监理则不仅以法律、法规为依据，还以建设合同为依据。

4）深度、广度不同

政府工程质量监督是对工程项目进行的宏观性的监督、检查、确认，而工程建设监理是对工程项目进行的微观性监督、检查与控制。在控制过程中既要做到全面控制，又要做到事前、事中、事后控制，它需要连续地、持续地贯穿在整个项目建设过程中。

5）工作方法和手段不同

工程建设监理主要利用经济管理方法，而政府质量监督则更侧重于行政管理方法。

1.1.4　工程建设监理的性质

（1）服务性

在工程建设过程中，监理工程师利用自己在工程建设方面的丰富知识、技能和经验为业主提供高智能管理服务，以满足项目业主对项目管理的需求，它所获得的报酬是技术服务性报酬，是脑力劳动报酬，也就是说工程建设监理是一种高智能的有偿技术服务。它的服务对象是委托方——业主，这种服务性的活动是按工程建设监理合同来进行的，是受法律的约束和保护的。

(2) 独立性

在工程项目建设中，监理单位是独立的一方，它是作为一个独立的专业公司受业主委托去履行服务的，与业主、承包商之间的关系是平等的、横向的，我国有关法规明确指出：监理单位应按照独立、自主的原则开展工程建设监理工作。

为了保证工程建设监理行业的独立性，从事这一行业的监理单位和监理工程师必须与某些行业或单位断绝人事上的依附关系及经济上的隶属或经营关系。也不能从事某些行业的工作。我国建设监理有关法规指出："各级监理负责人和监理工程师不得是施工、设备制造和材料、构配件供应单位的合伙经营者，或与这些单位发生经营性隶属关系，不得承包施工和建材销售业务，不得在政府机关、施工、设备制造和材料单位应聘"。

工程建设监理的这种独立性是建设监理制的要求，是监理单位在工程项目建设中的第三方地位所决定的，是它所承担的工程建设监理的任务所决定的。因此，独立性是监理单位开展工程建设监理工作的重要原则。

(3) 公正性

在工程建设过程中，监理单位一方面要严格履行监理合同的各项义务，真诚为业主服务，同时应当成为公正的第三方。也就是以公正的态度对待委托方和被监理方，特别是当业主和承包方发生利益冲突时，监理单位应站在第三方的立场上，公正地加以解决和处理。

(4) 科学性

建设监理单位是智力密集性组织，按国际惯例，社会建设监理单位的监理工程师都必须是有相当的学历，并有长期从事工程建设工作的经验，精通技术与管理，通晓经济与法律，经权威机构考核合格并经政府主管部门登记注册，领取证书，方能取得从业资格。因此，监理工程师是依靠科学知识和专业技术进行项目监理的技术人员。

1.1.5 工程建设监理的意义

(1) 实行建设监理是发展生产力的需要

改革开放以来，我国的经济体制一步步向市场经济转换，建设领域也发生很大变化。投资由国家单一化向多元化转变，任务分配由纯计划性向竞争性转变，投资规模不断扩大，技术要求越来越复杂，管理要求越来越高，建设市场逐步形成。生产力的发展证明，原来的管理体制如果不改变，便会阻碍生产力的发展。实行建设监理制度，可以用专业化、社会化的监理队伍代替小生产管理方式，可以加强建设的组织协调，强化合同管理监督，公正地调解权益纠纷，控制工程质量、工期和造价，提高投资效果。监理单位可以以第三者的身份改变政府单纯用行政命令管理建设的方式，加强立法和对工程合同的监督，可以充分发挥法律、经济、行政和技术手段的协调约束作用，抑制建设的随意性，抑制纠纷的增多，还可以与国际通行的监理体制相沟通。无疑，这样会增强改革效果，建立新的生产关系和上层建筑，促进生产力的发展。

(2) 实行建设监理制度是提高经济效益的需要

建国以来，我国的建筑业虽然得到了很大的发展，完成的总产值和提供的固定资产逐步增加，然而经济效益不高，投资、质量和工期失控。实行建设监理制度，使监理组织承担起投资控制、质量控制和进度控制的责任,是监理组织份内之事,也是他们的专业特长,解决了建设单位自行管理能力不足以至控制失效的问题。实践证明,实行建设监理的工程,在投资控制、质量控制和进度控制方面可以收到良好的效果,也就是说,综合效益均能得到提高。

(3) 实行监理制度,是对外开放、加强国际合作、与国际惯例接轨的需要

改革开放以来,我国大量引进外资进行建设,三资工程一般按国际惯例实行建设监理制度。我们也大力发展对外工程承包事业,在国外承包工程,也要实行监理制度。因此,我国实行建设监理制度,不但是必须的,而且是紧迫的,是我国置身国际工程承包市场之中的二项不可缺少的举措。推行建设监理制度以来,我们已经变被动为主动,改善了投资环境,提高了经济效益,增强了我国的国际竞争能力,壮大了我国的建设事业。

课题2 建设工程施工阶段的监理程序

2.1 监理工程师的主要任务

2.1.1 工程建设监理组织

监理机构的组织形式应根据工程项目的特点,业主委托的任务以及监理单位自身情况确定,主要有以下几种类型:

1) 按监理职能设置的组织形式

项目总监理工程师,下设投资控制、质量控制、进度控制、合同管理、信息管理等组织或人员。

这种组织形式是总监理工程师下设一些职能机构,分别进行相应职能的业务管理。对于中小型的监理项目,可以利用这种组织形式。当项目规模较小时,还可以将监理职能加以归并,例如由投资控制监理组兼管合同管理,由进度控制监理组兼管信息管理等。

2) 按监理子项设置的组织形式

总监理工程师负责,下设若干项目监理组,各项目监理组再设各职能控制。这种组织形式适用于监理项目是分为若干相对独立事项的大中型建设项目。总监理工程师负责整个项目的规划、组织和指导,并侧重整个项目内各项目的目标控制,此外,这种组织形式还适用于按建设阶段分解设立,适用于监理公司对该工程进行全过程监理的情况。

3) 矩阵制监理组织形式

矩阵制监理组织形式是上述按监理职能及按子项设置的监理组织的综合形式。它适用于大型监理项目,既有利于各子项目监理工作的责任制,又有利于职能管理。使上下左右集权与分权实行最优的结合,既有利于解决复杂难题,又有利于监理人员业务能力的培养。

2.1.2 工程建设监理单位的资质

监理单位的资质,是指从事监理业务的监理单位所具备的人员素质、资金数量、专业技能、管理水平及监理业绩的总和。

(1) 监理单位的资质标准

监理单位根据人员素质、资金数量、专业技能、管理水平及监理业绩的不同等级分为

甲级、乙级和丙级三级。

(2) 监理单位人员素质

人员素质是监理单位从事建设监理的基础,只有具有高素质的监理人员,才能为工程建设提供高智能的技术服务。监理单位人员素质主要体现在下列方面:一是监理人员要有较高的学历和技术职称;二是监理人员要具有较强的组织协调能力;三是应取得国家确认的《监理工程师资格证书》或地区《监理工程师证书》。比如,甲级:企业负责人和技术负责人应当具有15年以上从事工程建设工作的经历,企业技术负责人应当取得监理工程师注册证书;取得监理工程师注册证书的人员不少于25人。乙级:企业负责人和技术负责人应当具有10年以上从事工程建设工作的经历,企业技术负责人应当取得监理工程师注册证书;取得监理工程师注册证书的人员不少于15人。丙级:企业负责人和技术负责人应当具有8年以上从事工程建设工作的经历,企业技术负责人应当取得监理工程师注册证书;取得监理工程师注册证书的人员不少于5人。

(3) 资金数量

资金数量即监理单位注册资金数量。它是监理单位开展监理工作的重要保证,也是监理单位级别的重要标志之一。工程监理企业的资质等级标准如下:甲级:注册资本不少于100万元;乙级:注册资本不少于50万元;丙级:注册资本不少于10万元。

(4) 专业技能

监理单位的专业技能主要体现在以下方面:

1) 监理单位要有较强的专业配套能力。监理单位在进行项目的建设监理时,需要多个专业的监理人员共同开展工作。这就要求监理单位各专业的监理人员要配备齐全,且各主要专业的监理人员中应有若干名具有高级专业技术职称。

2) 监理单位要有较好的技术装备。在科学发达的今天,较先进的技术装备是专业监理工程师开展监理业务的重要辅助手段,例如在设计阶段监理,监理工程师要运用计算机对结构设计进行复核验收,以判断原设计的安全性、经济性。在施工阶段监理,要运用高精度的测量仪器对建筑物的定位进行复核等。监理单位的技术装备大体上包括以下内容:

A. 计算机,主要用于电算及监理办公自动化管理。

B. 工程测量仪器和设备,主要用于对建筑物(构筑物)的平面位置、空间位置和几何尺寸以及有关工程实物的测量。

C. 检测仪器设备,主要用于确定建筑、建筑机械设备工程实体等方面的质量状态。

D. 照相、录像设备,用于记载工程建设过程中产品的情况,为事后分析、查证提供借鉴等。

(5) 管理水平

监理单位的管理水平主要体现在各种管理制度是否健全,即组织管理制度、人事管理制度、财务管理制度、生产经营管理制度、设备管理制度、科技管理制度、档案管理制度、会议制度等,以及各项制度的贯彻落实情况。一个管理水平高的单位,应该是管理制度健全,各项制度能得到很好贯彻落实,达到人尽其才,物尽其用,成就突出。

(6) 监理业绩

监理单位的监理业绩是监理单位资质的一个综合反映。监理业绩主要表现在两个方面:一是监理的工程项目的数量及规模;二是监理成效,即在控制工程建设投资、进度、质量等方面的效果。监理单位监理的工程项目数量越多，工程规模越大，监理单位资质越高。比如，甲级：近三年内监理过五个以上二等房屋建筑工程项目或者三个以上二等专业工程项目；乙级：近三年内监理过五个以上三等房屋建筑工程项目或者三个以上三等专业工程项目；丙级：承担过二个以上房屋建筑工程项目或者一个以上专业工程项目。

2.1.3　工程建设监理组织各类人员的基本职责

（1）总监理工程师

1）代表监理公司与业主沟通有关方面的问题。

2）组建项目的监理班子，并明确各工作岗位的人员和职责。

3）主持制定项目的监理规划，根据该规划组织、指导和检查项目监理工作，保证项目监理目标的实现。

4）提出工程承包模式，设计合同结构，为业主发包提供决策依据。

5）协助业主进行工程设计、施工和招标工作，主持编写招标文件，进行投标人资格预审、开标、评标，为业主决策提供决策依据。

6）协助业主确定设计、施工合同条款。

7）审核并确认总包单位选择的分包单位。

8）负责与各承包单位、设计单位负责人联系，协调有关事宜。

9）审查承包单位提出的材料和设备清单及其所列的规格和质量。

10）定期不定期检查工程进度和施工质量，及时发现问题并进行处理。

11）审核并签署工程开工会、停工会和复工会，组织处理工程施工中发生的质量、安全事故。

12）调解建设单位与承包单位之间的合同争议与纠纷，处理重大索赔事务。

13）组织设计单位和施工单位进行工程结构验收。

14）定期不定期向业主提交项目实施的情况报告。

15）定期不定期向本公司报告监理情况。

16）分阶段组织监理人员进行工作总结。

签署委托合同后，总监理工程师的法定地位即确定。作为工程项目中的监理工作总负责人，在监理过程中承担决策职能，直接主持或参与重要方案的规划工作，并进行必要的检查。在工程建设的许多问题上，总监理工程师决定是最终决定，业主和承包单位均须服从这个决定，但他无权超越业主的授权范围下达指令。

（2）各专业或各子项目监理工程师

1）组织编制本专业或各子项目的监理工作计划，在总监理工程师批准后组织实施。

2）对所负责控制的项目进行规划，建立控制系统，落实各子控制系统人员制定控制工作流程，确定方法和手段，制定控制措施。

3）定期提交本目标或子项目目标控制工作报告。

4）根据总监理工程师的安排，参与工程招标工作，做好招标各阶段的本专业的工作。

5）审核有关的承包方提交的计划、设计、方案等。

6）检查有关的工程情况，掌握工程现状，及时妥善处理。

7）组织、指导、检查和监督本部门监理工作。

8）及时检查、了解和发现承包方的组织、技术、协调等问题。

9）及时处理可能发生或已发生的工程质量问题。

10）参与有关的分部（分项）工程、单位工程、验收工作。

11）参与或组织有关工程会议并做好会前准备。

12）协调处理本部门管理范围内各承包方之间的有关工程方面的矛盾。

13）提供或搜集有关的索赔资料，配合合同管理部门做好索赔的有关工作。

14）检查、督促并认真做好监理日志、监理月报工作，建立本部门监理资料管理制度。

15）参与审核工程结算资料。

16）定期做好本部门监理工作总结。

专业和子项目监理工程师是总监理工程师的助手，是各专业部门和各子项目管理机构的骨干，他们在整个监理机构中处于承上启下的地位。向上要经常报告工程进展情况，使总监理工程师能够根据报告来作出决断，向下在各自的部门和机构中有局部决策职能，领导本部门的监理工作，而专业和子项目监理工程师的权限需由总监理工程师以书面形式通知承包单位，他们能在总监理工程师的授权范围内开展工作，行使相应的权力。

（3）监理员

现场监理员是监理实务的直接作业者，一般应按各专业所需工种配置，必要时还应分班配置。其基本职责如下：

1）负责进场材料、构件、半成品、机械设备等的质量检查。

2）旁站监理，跟踪（全进程、全天候）检查。

3）工序间交接检查、验收及签署。

4）负责工程计量、验收及签署原始凭证。

5）负责现场施工安全，防火的检查、监督。

6）坚持记监理日记，及时、如实填报原始记录。

7）及时报告现场发生的质量事故，安全事故和异常情况。

2.1.4 工程建设监理的主要内容

根据工程建设的客观需要，在不同的建设阶段工程监理的主要内容是不同的。对一个具体工程来说，监理单位主要工作内容取决于监理委托合同中的具体规定。业主可以只把工程建设的个别阶段委托监理，也可以把工程建设不同阶段的监理业务分别委托不同的监理单位承担。在工程施工阶段的主要内容如下：

（1）协助建设单位与承包单位编写开工报告。

（2）确认承包单位选择的分包单位。

（3）审查承包单位提出的施工组织设计、施工方案和施工进度计划，提出修改意见。

（4）审查承包单位提出的材料和设备清单及其所列的规格和质量。

（5）监督、检查承包单位严格执行工程承包和工程技术标准。

（6）调解建设单位与承包单位之间的争议。

（7）检查工程使用的材料、构配件的质量，检查安全防护措施。

（8）主持协商工程设计变更。

（9）检查工程进度与施工质量，验收部分分项工程，签署工程付款凭证。

（10）监督整理合同文件和技术档案资料。

(11) 组织设计单位和施工单位进行竣工验收，提出竣工验收报告。
(12) 审查工程结算。

2.2 工程施工阶段的监理程序

2.2.1 签订委托监理合同的程序
(1) 由建设单位选择监理单位。
(2) 建设单位向所选择的监理单位提供工程的有关资料。
(3) 监理单位编制、报送监理工作大纲。
(4) 双方商谈监理合同内容。
(5) 双方签订监理合同或监理协议书。

2.2.2 项目施工阶段的监理程序
(1) 建立监理实施机构、进驻施工现场。
(2) 编写监理规划、监理细则。
(3) 组织工程交底会及监理工作交底会（第一次监理会）。
(4) 全面实施工程监理。其中包含：主持召开监理例会；审批施工组织设计；工程原材料、构配件、工程设备的进场验收；分包单位的资质审查；单位工程开工条件的审查批准；工程质量控制；工程进度控制；工程投资费用管理；召集专业性会议。
(5) 积累、整理监理工作资料并组织归档。
(6) 组织工程初验。
(7) 参加建设单位组织的竣工验收和交接。
(8) 施工监理工作总结，监理费用的总结算。

2.2.3 工程保修阶段的监理程序
(1) 定期对工程回访，确定缺陷责任，督促保修。
(2) 责任期结束，协助建设单位办理与承包商单位的合同终止手续。
(3) 办理监理合同终止手续。

2.2.4 基本方法
为了实现项目总目标或阶段性建设目标，监理工程师要科学地运用工程建设监理的基本方法和手段。这就是目标规划、动态控制、组织协调、信息管理、合同管理，这些方法是相互联系，互相支持，共同运行，缺一不可的。

(1) 监理目标规划

监理目标规划是以实现目标控制为目的的规划设计。工程项目目标规划的过程是一个由粗而细的过程，分阶段地根据可能获得的工程信息对前一阶段的规划进行细化、补充、修改和完善。

监理目标规划主要包括确定投资、进度、质量目标或对已初步确定的目标进行论证；把各项目标分解成若干个子目标；制定各项目标的综合措施，力保项目目标的实现等。

(2) 动态控制

动态控制是在工程项目实施过程中，根据掌握的工程建设信息，不断将实际目标值与计划目标值进行对比，如果出现偏离，就采取措施加以纠正，以便达到计划目标的实现。这是一个不断循环的过程，直至项目建成交付使用。

动态控制是在目标规划的基础上针对各级分目标实施的控制，以期达到计划总目标的实现，它贯穿于工程项目的整个监理过程中。

(3) 组织协调

组织协调是实现项目目标不可缺少的方法和手段，它包括项目监理组织内部人与人、机构与机构之间的协调，项目监理组织与外部环境组织协调，以及监理组织与政府有关部门、社会团体、科学研究单位等等之间的协调。通过组织协调，大家在实现工程项目总目标上做到步调一致，达到运行一体化。

(4) 信息管理

工程建设监理离不开工程信息。在实施监理的过程中，监理工程师要对所需要的信息进行收集、整理、处理、存储、传递、应用等一系列工作，这些工作的总称为信息管理。

它是建设监理的重要手段，也是目标规划、动态控制、组织协调等手段的基础，没有完整的信息管理，以上方法都无从谈起。

(5) 合同管理

合同管理是监理单位在工程建设监理过程中，根据监理合同的要求对工程承包合同的签订、履行、变更和解除进行监督、检查、对合同双方争议进行调解和处理，以保证合同的依法签订和全面履行。

2.2.5 工程建设监理的目标控制

(1) 工程建设监理目标系统

工程建设监理的目标控制就是指对工程项目的投资、进度、质量三大目标组成的项目目标系统实施控制。投资、进度、质量三大目标之间既存在矛盾的方面，又存在统一的方面，监理工程师进行目标控制时应当把它们当做一个整体来控制。

1) 三大目标之间存在对立的关系

项目投资、进度、质量三大目标之间首先存在着矛盾和对立的一面，如果某项工程要加快进度，就要增加投资，工程质量也会受到影响；如果对工程质量有较高的要求，那么就要投入较多的资金和花费较长的时间；而如果要降低投资，节约费用，也势必会降低质量标准，所以三大目标之间存在着对立的关系。

2) 三大目标之间存在统一的关系

三大目标之间不仅存在对立的一面，而且还存在着统一的一面，例如：适当增加投资的数量，为采取加快进度的措施提供经济条件，就可以加快项目建设速度，缩短工期，使项目提前投入使用，投资尽早收回，项目整个寿命期经济效益得到提高。适当提高项目功能水平和质量标准，虽然会造成一次性投资的提高和工期的延迟，但能够节约项目投入使用后的经济费用，降低综合成本，从而获得更好的投资经济效益，这一切都说明了工程项目投资、进度、质量三大目标中存在着统一的一面。

(2) 工程建设监理三大控制的内涵

1) 投资控制的含义

工程建设监理投资控制是指在整个项目的实施阶段开展管理活动，力求使项目在满足质量和进度要求的前提下，实现项目实际投资不超过计划投资。

A. 投资控制不是单一目标控制

不能简单地把投资控制理解为将工程项目实际发生的投资控制在计划投资范围内。而应当认识到，投资控制是与质量控制和进度控制同时进行的，它是针对整个项目目标系统所实施的控制活动的一个组成部分，在实施投资控制的同时需兼顾质量和进度目标。这就要求在进行投资控制时，一方面对投资目标进行确定和论证时应综合考虑整个目标系统的协调统一，不仅使投资目标满足要求，还必须使进度目标和质量目标满足要求。另一方面，在进行投资控制过程中，要协调好与质量控制和进度控制的关系，做到三大控制的有机配合。

B. 投资控制应具有全面性

工程项目的总投资是指进行固定资产再生产和形成最低量流动资金的一次性费用总和，它由建筑安装工程费、设备和工器具购置费和其他费用组成。建筑安装工程费由人工费、材料费、施工机械使用费、措施费、间接费、利润和税金；设备和工器具购置费由设备购置和工器具及生产家具购置费组成；其他费用是指工程建设中未纳入以上两项费用内的，由项目投资支付的，为保证工程项目正常建设并在投入使用后能发挥正常效应而发生的各项费用的总和。监理工程师进行投资控制时要针对项目费用组成实施控制，防止只控制建筑安装工程费而忽视甚至不去控制设备和工器具购置费及其他费用的现象发生；要针对项目结构的所有子项目的费用实施控制，防止只重视主体工程或红线内工程投资而忽视其他子项目投资控制；投资控制不能只在施工阶段还要在项目实施的其他阶段进行控制，它是全过程的控制；不仅要对投资的量进行控制，还要对费用发生的时间进行控制。

2) 进度控制的含义

工程建设监理所进行的进度控制是指在实现工程项目总目标的过程中，为使工程建设的实际进度符合项目进度计划的要求，使项目按计划要求的时间开始和完成而开展的有关监督管理活动。工程项目进度控制总目标取决于业主的委托要求。根据监理合同，它可以是全过程监理，也可以是阶段性监理，还可以是某个子项目的监理。因此具体到某个项目，某个监理单位，它的进度控制目标则由工程监理合同来决定。既可以是从立项开始到项目正式投入使用的整个时间，也可以是某个实施阶段的计划时间，如设计阶段或施工阶段计划工期。

在项目进度控制总目标下，监理工程师对项目进行的控制必须是全方位的。一方面对合同规定范围内的所有构成部分的进度都要有进行控制，不论是红线内工程还是红线外工程，也不论是土建工程还是设备安装、给排水、采暖通风、道路、绿化、电气等工程。另一方面对与工程项目有关的各项工作，如施工准备、工程招标及材料设备供应等都应列入进度控制的范围内。因为如果这些工作不能按计划完成，必然影响整个工程项目的完成。所以，凡是影响项目进度的工作都应列入进度计划，成为进度控制的对象。当然任何事物都有主次之分，监理工程师在实施进度控制时，要把各方面的工作进行详细规划，形成周密计划，使进度控制工作能够有条不紊、主次分明地进行。

在工程建设过程中，影响工程建设进度的因素很多。如管理人员、劳务人员素质、数量；材料设备能否按时、按质、按量供应；建设资金是否充足，能否按时到位；对新技术、新方法能否熟练掌握和运用；各承包商能否协作同步；施工现场是否具备等。要实现有效进度控制，监理工程师必须作好与有关单位、有关方面的组织协调，对影响进度因素进行控制，使工程进度按正常的速度进行。

3) 质量控制的含义

工程建设监理质量控制是指在力求实现工程建设总目标的过程中，为满足项目总体质量要求所开展的监督管理活动。工程项目质量目标是对包括工程项目实体、功能和使用价值、工作质量各方面的要求或需求的标准和水平，也就是对项目符合有关法律、法规、规范、标准程度和满足业主要求程度作出的明确规定。

建设项目质量目标的广泛性表明，要拿出质量符合要求的建筑产品，需要在整个项目实施的空间范围内进行质量控制。凡是构成工程项目实体、功能和使用价值的各方面，如建筑形式、结构形式、材料、设备、工艺、规模和生产能力以及使用者满意程度都应列入项目质量目标范畴；同时，对参与工程建设的单位和人员的资历、素质、能力和水平，特别是对他们工作质量的要求也是质量目标不可缺少的组成部分。对工程项目的质量控制需贯穿项目建设的全过程，在设计阶段，项目处于由粗到细形成规划、方案设计、初步设计、扩充设计、施工图设计的阶段。在这一时期，一方面要全面落实项目的质量目标系统，另一方面又要根据上阶段确定的计划目标对下阶段要达到的目标进行控制，重点通过对建筑形式、结构形式、生产工艺等的监理，使设计的质量满足要求。在施工阶段，随着一道道工序的完成，一项项分部（分项）工程、单位工程、单项工程的完成，最终形成工程项目实体。在这一阶段，要把质量的事前控制与事中、事后控制紧密地结合起来。在各项工程或工作开始之前，要明确目标、制定措施、确定流程、选择方法、落实手段，重点做好人、机械、材料、方法、环境等的控制；然后在各子项工程或工程施工过程中，及时发现和预测问题并采取措施加以解决。最后对完成的工程和工作质量进行检查和验收，把存在的工程质量问题查找出来并集中处理，使项目最终达到总体质量目标的要求。

2.2.6 项目实施施工阶段监理目标控制的任务

该阶段监理的主要任务是在施工过程中，根据施工阶段的目标规划和计划，通过动态控制、组织协调、合同管理使项目的施工质量、施工进度和投资符合预定的目标要求。

(1) 投资控制的任务

施工阶段监理投资控制的主要任务是通过工程付款控制、设计变更与新增工程费控制及索赔处理等手段，努力实现实际发生的费用不超过计划投资。

为完成施工阶段投资控制任务，监理工程师应做好以下工作：制定本阶段资金使用计划，并严格进行付款控制；严格控制工程变更，尽可能减少新增费用；时刻预防费用索赔，尽量避免、减少对方的索赔量；对已发生的索赔要尽快处理，并协助业主进行反索赔；做好工程计量工作；审核施工单位提交的工程结算书等。

(2) 进度控制的任务

施工阶段工程建设监理进度控制的任务主要是通过完善项目控制性计划、审查施工单位的施工进度计划、做好各项动态控制工作、协调各单位施工进度计划、预防并处理好施工索赔，以求实际施工进度达到计划施工进度的要求。

为完成施工进度控制任务，监理工程师应当做好下列工作：根据施工招标和施工准备阶段的工程信息，进一步完善项目控制性计划，并据此进行施工阶段进度控制；审查施工单位施工进度计划，确认其可行性并满足项目控制性计划要求；审查施工单位进度控制报告，监督施工单位做好施工进度控制；制定业主方材料和设备进度计划，并进行控制使其满足施工的要求；对施工单位进行跟踪，掌握施工动态；研究制定预防工期索赔措施，做好处理工期索赔工作；在施工过程中，做好对人力、材料、机具、设备等的投入控制工作以及转换控制工作、信息反馈工作、对比和纠正工作，使进度控制定期连续进行；开好进度协调会，并协调有关各方关系，使工程顺利进行。

(3) 质量控制的任务

施工阶段工程建设监理质量控制的任务主要是通过对施工投入、施工和安装过程、产出品进行控制，以及对参加施工单位和人员的资质、材料和设备、施工机械和机具、施工方案和方法、施工环境实施全面控制，以期按标准达到预定的施工质量等级。

为完成施工阶段质量控制任务，监理工程师应当做好以下工作：协助业主做好施工现场的准备工作，为施工单位提交质量合格的施工现场；确认施工单位资质；审查确认施工分包单位；做好材料和设备检验与检查工作，确认其质量；检查施工机械和机具，保证施工质量；审查施工组织设计；检查并协助搞好各项生产环境、劳动环境、管理环境条件；进行施工工艺过程质量控制；检查工序质量，严格工序交接检查制度；做好各项隐蔽工程的检查工作；搞好工程变更方案的审批工作，认真做好质量签证工作，行使质量否决权，协助做好付款控制；组织质量协调会；做好中间质量验收工作；做好项目竣工报验及验收工作；审核项目竣工图等。

2.2.7 建设监理目标控制措施

为了对建设监理目标进行控制，一般采用下列措施：组织措施、技术措施、经济措施、合同措施等。组织措施是目标控制的必要措施。监理单位要对项目监理目标实施控制，首先必须建立得力的项目组织，并对项目组织进行定人、定编、定工作、定目标，确定各人、各部门的任务和管理职能，确定各项目标控制的工作流程。在监理过程中，监理人员按照相应的工作流程，对工程运行情况进行检查，对工程的信息进行收集、加工、整理、反馈，发现和预测目标偏差，对出现的目标偏差予以纠正。对监理人员的工作要经常进行考评，以便评估工作、改进工作、挖掘潜在的工作能力，加强相互沟通，并以此对不合格的工作人员进行调换，选配与其工作相称的工作人员。在控制过程中，调动和发挥他们实现目标的积极性、创造性，并对工作人员进行定期培训，以提高他们的工作能力。技术措施是目标控制的重要措施。监理是高智能的团体，他们各部门各岗位的工作人员都是具有较高的学历和专业技术职称、掌握特定技术的人。这些工作人员依靠自己掌握的专业技术，对技术方案作技术可行性分析，对各种技术数据进行审核、比较，对新材料、新工艺、新方法进行科学论证，对投标文件中的主要施工技术方案进行必要的论证等。如果没有这些掌握特定技术的工作人员采取相应的技术措施，目标控制也就毫无效果可言，目标也不可能实现。

经济措施是目标控制的必要措施。一项工程的建成使用，归根到底是一项投资的实现。无论对投资实施控制，还是对进度、质量实施控制，都离不开经济措施。为了理想地实现工程项目，监理工程师要搜集、加工、整理工程信息和数据，要对各种实现目标的计划进行资源、经济、财物等方面的可行性分析，要对各种经常出现的设计变更和其他各种变更方案进行技术经济分析，严格控制费用的增加，对工程付款进行审查等。如果忽视了这些经济措施，投资目标就很难实现。

合同措施也是目标控制的重要措施。工程建设需要设计单位、施工单位、材料设备供应单位分别承担设计、施工和材料设备供应。没有这些工程建设行为，项目就无法建成使用。在市场经济条件下，这些承建商是根据分别与业主签订的设计合同、施工合同和供销合同来参与项目建设的。它们与业主构成了工程承发包关系，它们是被监理的一方。工程建设监理就是根据这些工程建设合同以及工程建设监理合同来实施的监督管理活动。监理工程师实施目标控制就是根据工程建设合同来进行的，依靠合同进行目标控制是监理目标控制的重要手段。

2.2.8　监理单位与施工现场其他单位的关系

监理单位受业主委托监督和协调施工现场其他单位的工作。

实 训 课 题

任课教师结合当地实际工程的监理案例，介绍工程监理从承接业务开始到工程竣工验收全过程的实施情况。

复习思考题

1. 什么是工程建设监理？它与政府监督有什么不同？
2. 简述工程建设监理的性质和意义。
3. 何谓监理单位资质？包括哪几方面要素？
4. 何谓工程建设监理的目标控制？试述监理工程师进行目标控制时应注意的三大目标之间的关系。

附录《建设工程资料归档范围和保管期限表》

序号	归档文件	保存单位和保管期限				
		建设单位	施工单位	设计单位	监理单位	城建档案馆
工程准备阶段文件						
一	立项文件					
1	项目建议书	永久				√
2	项目建议书审批意见及前期工作通知书	永久				√
3	可行性研究报告及附件	永久				√
4	可行性研究报告审批意见	永久				√
5	关于立项有关的会议纪要、领导讲话	永久				√
6	专家建议文件	永久				√
7	调查资料及项目评估研究材料	长期				√
二	建设用地、征地、拆迁文件					
1	选址申请及选址规划意见通知书	永久				√
2	用地申请报告及县级以上人民政府城乡建设用地批准书	永久				√
3	拆迁安置意见、协议、方案等	长期				√
4	建设用地规划许可证及其附件	永久				√
5	划拨建设用地文件	永久				√
6	国有土地使用证	永久				√
三	勘察、测绘、设计文件					√
1	工程地质勘察报告	永久		永久		√
2	水文地质勘察报告、自然条件、地震调查	永久		永久		√
3	建设用地钉桩通知单（书）	永久				√
4	地形测量和拨地测量成果报告	永久		永久		√
5	申报的规划设计条件和规划设计条件通知书	永久		长期		√
6	初步设计图纸和说明	长期		长期		
7	技术设计图纸和说明	长期		长期		
8	审定设计方案通知书及审查意见	长期		长期		√

续表

序号	归档文件	保存单位和保管期限				
		建设单位	施工单位	设计单位	监理单位	城建档案馆
9	有关行政主管部门（人防、环保、消防、交通、园林、市政、文物、通讯、保密、河湖、教育、白蚁防治、卫生等）批准文件或取得的有关协议	永久				√
10	施工图及其说明	长期		长期		
11	设计计算书	长期		长期		
12	政府有关部门对施工图设计文件的审批意见	永久		长期		√
四	招投标文件					
1	勘察设计招投标文件	长期				
2	勘察设计承包合同	长期		长期		√
3	施工招投标文件	长期				
4	施工承包合同	长期	长期			√
5	工程监理招投标文件	长期				
6	监理委托合同	长期			长期	√
五	开工审批文件					
1	建设项目列入年度计划的申报文件	永久				√
2	建设项目列入年度计划的批复文件或年度计划项目表	永久				√
3	规划审批申报表及报送的文件和图纸	永久				
4	建设工程规划许可证附件	永久				√
5	建设工程开工审查表	永久				
6	建设工程施工许可证	永久				√
7	投资许可证、审计证明、缴纳绿化建设费等证明	长期				√
8	工程质量监督手续	长期				√
六	财务文件					
1	工程投资估算材料	短期				
2	工程设计概算材料	短期				
3	施工图预算材料	短期				
4	施工预算	短期				
七	建设、施工、监理机构及负责人					
1	工程项目管理机构（项目经理部）及负责人名单	长期				√
2	工程项目监理机构（项目监理部）及负责人名单	长期			长期	√
3	工程项目施工管理机构（施工项目经理部）及负责人名单	长期	长期			√

续表

序号	归档文件	保存单位和保管期限				
		建设单位	施工单位	设计单位	监理单位	城建档案馆
监理文件						
1	监理规划					
①	监理规划	长期			短期	√
②	监理实施细则	长期			短期	√
③	监理部总控制计划等	长期			短期	
2	监理月报中的有关质量问题	长期			长期	√
3	监理会议纪要中的有关质量问题	长期			长期	√
4	进度控制					
①	工程开工/复工审批表	长期			长期	√
②	工程开工/复工暂停令	长期			长期	√
5	质量控制					
①	不合格项目通知	长期			长期	√
②	质量事故报告及处理意见	长期			长期	√
6	造价控制					
①	预付款报审与支付	短期				
②	月付款报审与支付	短期				
③	设计变更、洽商费用报审与签认	短期				
④	工程竣工决算审核意见书	长期				√
7	分包资质					
①	分包单位资质材料	长期				
②	供货单位资质材料	长期				
③	试验等单位资质材料	长期				
8	监理通知					
①	有关进度控制的监理通知	长期			长期	
②	有关质量控制的监理通知	长期			长期	
③	有关造价控制的监理通知	长期			长期	
9	合同与其他事项管理					
①	工程延期报告及审批	永久			长期	√
②	费用及索赔报告及审批	长期			长期	
③	合同争议、违约报告及处理意见	永久			长期	√

续表

序号	归档文件	保存单位和保管期限				
		建设单位	施工单位	设计单位	监理单位	城建档案馆
④	合同变更材料	长期			长期	√
10	监理工作总结					
①	专题总结	长期			短期	
②	月报总结	长期			短期	
③	工程竣工总结	长期			长期	√
④	质量评价意见报告	长期			长期	√
	施 工 文 件					
一	建筑安装工程					
(一)	土建（建筑与结构）工程					
1	施工技术准备文件					
①	施工技术准备文件	长期				
②	技术交底	长期	长期			
③	图纸会审记录	长期	长期	长期		√
④	施工预算的编制和审查	短期	短期			
⑤	施工日志	短期	短期			
2	施工现场准备					
①	控制网设置资料	长期	长期			√
②	工程定位测量资料	长期	长期			√
③	基槽开挖线测量资料	长期	长期			√
④	施工安全措施	短期	短期			
⑤	施工环保措施	短期	短期			
3	地基处理记录					
①	地基钎探记录和钎探平面布点图	永久	长期			√
②	验槽记录和地基处理记录	永久	长期			√
③	桩基施工记录	永久	长期			√
④	试桩记录	长期	长期			√
4	工程图纸变更记录					
①	设计会议会审记录	永久	长期	长期		√
②	设计变更记录	永久	长期	长期		√

续表

序号	归档文件	保存单位和保管期限				
		建设单位	施工单位	设计单位	监理单位	城建档案馆
③	工程洽商记录	永久	长期	长期		√
5	施工材料预制构件质量证明文件及复试试验报告					√
①	砂、石、砖、水泥、钢筋、防水材料、隔热保温、防腐材料、轻骨集料试验汇总表	长期				√
②	砂、石、砖、水泥、钢筋、防水材料、隔热保温、防腐材料、轻集料出厂证明文件	长期				√
③	砂、石、砖、水泥、钢筋、防水材料、轻集料、焊条、沥青复试试验报告	长期				√
④	预制构件（钢、混凝土）出厂合格证、试验记录	长期				√
⑤	工程物质选样送审表	短期				
⑥	进场物质批次汇总表	短期				
⑦	工程物质进场报验表	短期				
6	施工试验记录					
①	土壤（素土、灰土）干密度试验报告	长期				√
②	土壤（素土、灰土）夯击实试验报告	长期				√
③	砂浆配合比通知单	长期				
④	砂浆（试块）抗压强度试验报告	长期				√
⑤	混凝土配合比通知单	长期				
⑥	混凝土（试块）抗压强度试验报告	长期				√
⑦	混凝土抗渗试验报告	长期				√
⑧	商品混凝土出厂合格证、复试报告	长期				√
⑨	钢筋接头（焊接）试验报告	长期				√
⑩	防水工程试水检查记录	长期				
⑪	楼地面、屋面坡度检查记录	长期				
⑫	土、砂浆、混凝土、钢筋连接、混凝土抗渗试验报告汇总表	长期				√
7	隐蔽工程检查记录					
①	基础和主体结构钢筋工程	长期	长期			√
②	钢结构工程	长期	长期			√
③	防水工程	长期	长期			√
④	高程控制	长期	长期			√

续表

序号	归档文件	保存单位和保管期限				
		建设单位	施工单位	设计单位	监理单位	城建档案馆
8	施工记录					
①	工程定位测量检查记录	永久	长期			√
②	预检工程检查记录	短期				
③	冬施混凝土搅拌测温记录	短期				
④	冬施混凝土养护测温记录	短期				
⑤	烟道、垃圾道检查记录	短期				
⑥	沉降观测记录	长期				√
⑦	结构吊装记录	长期				
⑧	现场施工预应力记录	长期				√
⑨	工程竣工测量	长期	长期			√
⑩	新型建筑材料	长期	长期			
⑪	施工新技术	长期	长期			√
9	工程质量事故处理记录	永久				√
10	工程质量检验记录					
①	检验批质量验收记录	长期	长期		长期	
②	分项工程质量验收记录	长期	长期		长期	
③	基础、主体工程验收记录	永久	长期		长期	√
④	幕墙工程验收记录	永久	长期		长期	√
⑤	分部（子分部）工程质量验收记录	永久	长期			√
（二）	电气、给排水、消防、采暖、通风、空调、燃气、建筑智能化、电梯工程					
1	一般施工记录					
①	施工组织设计	长期	长期			
②	技术交底	短期				
③	施工日志	短期				
2	图纸变更记录					
①	图纸会审	永久	长期			√
②	设计变更	永久	长期			√
③	工程洽商	永久	长期			√

续表

序号	归档文件	保存单位和保管期限				
		建设单位	施工单位	设计单位	监理单位	城建档案馆
3	设备、产品质量检查、安装记录					
①	设备、产品质量合格证、质量保证书	长期				√
②	设备装箱单位、商检证明和说明书、开箱报告	长期				
③	设备安装记录	长期	长期			√
④	设备试运行记录	长期				√
⑤	设备明细表	长期				√
4	预检记录	短期				
5	隐蔽工程检查记录	长期	长期			√
6	施工试验记录					
①	电气接地电阻、绝缘电阻、综合布线、有线电视末端等测试记录	长期				√
②	楼宇自控、监视、安装、视听、电话等系统调试记录	长期				√
③	变配电设备安装、检查、通电、满负荷测试记录	长期				√
④	给排水、消防、采暖、通风、空调、燃气等管道强度、严密性、灌水、通水、吹洗、漏风、试压、通球、阀门等试验记录	长期				√
⑤	电气照明、动力、给排水、消防、采暖、通风、空调、燃气等系统调试、试运行记录	长期				√
⑥	电梯接地电阻、绝缘电阻测试记录；空载、半载、超载试运行记录；平衡、运速、噪声调整试验报告	长期				√
7	质量事故处理记录	永久	长期			√
8	工程质量检验记录					
①	检验批质量验收记录	长期	长期		长期	
②	分项工程质量验收记录	长期	长期		长期	
③	分部（子分部）工程质量验收记录	永久	长期		长期	√
(三)	室外工程					
1	室外安装（给水、雨水、污水、热力、燃气、电讯、电力、照明、电视、消防等）施工文件	长期				√
2	室外建筑环境（建筑小品、水景、道路园林绿化等）施工文件	长期				√
二	市政基础设施工程					

续表

序号	归档文件	保存单位和保管期限				
		建设单位	施工单位	设计单位	监理单位	城建档案馆
(一)	施工技术准备					
1	施工组织设计	短期	短期			
2	技术交底	长期	长期			
3	图纸会审记录	长期	长期			√
4	施工预算的编制和审查	短期	短期			
(二)	施工现场准备					
1	工程定位测量资料	长期	长期			√
2	工程定位测量复核记录	长期	长期			√
3	导线点、水准点测量复核记录	长期	长期			√
4	工程轴线、定位桩、高程测量复核记录	长期	长期			√
5	施工安全措施	短期	短期			
6	施工环保措施	短期	短期			
(三)	设计变更、洽商记录					
1	设计变更通知单	长期	长期			√
2	洽商记录	长期	长期			√
(四)	原材料、成品、半成品、构配件、设备出厂质量合格证及试验报告					
1	砂、石、砌块、水泥、钢筋（材）、石灰、沥青、涂料、混凝土外加剂、防水材料、粘接材料、防腐保温材料、焊接材料等试验汇总表	长期				√
2	砂、石、砌块、水泥、钢筋（材）、石灰、沥青、涂料、混凝土外加剂、防水材料、粘接材料、防腐保温材料、焊接材料等质量合格证书和出厂检（试）验报告及现场复试报告	长期				√
3	水泥、石灰、粉煤灰混合料；沥青混合料、商品混凝土等试验汇总表	长期				√
4	水泥、石灰、粉煤灰混合料；沥青混合料、商品混凝土等出厂合格证和试验报告、现场复试报告	长期				√
5	混凝土预制构件、管材、管件、钢结构构件等试验汇总表	长期				√
6	混凝土预制构件、管材、管件、钢结构构件等出厂合格证书和相应的施工技术资料	长期				√

续表

序号	归档文件	保存单位和保管期限				
		建设单位	施工单位	设计单位	监理单位	城建档案馆
7	厂站工程的成套设备、预应力混凝土张拉设备、各类地下管线井室设施、产品等汇总表	长期				√
8	厂站工程的成套设备、预应力混凝土张拉设备、各类地下管线井室设施、产品等出厂合格证书及安装使用说明	长期				√
9	设备开箱报告	短期				
(五)	施工试验记录					
1	砂浆、混凝土试块强度、钢筋（材）焊连接、填土、路基强度试验等汇总表	长期				√
2	道路压实度、强度试验记录					
①	回填土、路床压实度试验及土质的最大干密度和最佳含水量试验报告	长期				√
②	石灰类、水泥类、二灰类无机混合料基层的标准击实试验报告	长期				√
③	道路基层混合料强度试验记录	长期				√
④	道路面层压实度试验记录	长期				√
3	混凝土试块强度试验记录					
①	混凝土配合比通知单	短期				
②	混凝土试块强度试验报告	长期				√
③	混凝土试块抗渗、抗冻试验报告	长期				√
④	混凝土试块强度统计、评定记录	长期				√
4	砂浆试块强度试验记录					
①	砂浆配合比通知单	短期				
②	砂浆试块强度试验报告	长期				√
③	砂浆试块强度统计评定记录	长期				√
5	钢筋（材）焊、连接试验报告	长期				√
6	钢管、钢结构安装及焊缝处理外观质量检查记录	长期				
7	桩基础试（检）验报告	长期				√
8	工程物质选样送审记录	短期				
9	进场物质批次汇总表	短期				
10	工程物质进场报验记录	短期				

续表

序号	归档文件	保存单位和保管期限				
		建设单位	施工单位	设计单位	监理单位	城建档案馆
(六)	施工记录					
1	地基与基槽验收记录					
①	地基钎探记录及钎探位置图	长期	长期			√
②	地基与基槽验收记录	长期	长期			√
③	地基处理记录及示意图	长期	长期			√
2	桩基施工记录					
①	桩基位置平面示意图	长期	长期			√
②	打桩记录	长期	长期			√
③	钻孔桩钻进记录及成孔质量检查记录	长期	长期			√
④	钻孔（挖孔）桩混凝土浇灌记录	长期	长期			√
3	构件设备安装和调试记录					
①	钢筋混凝土大型预制构件、钢结构等吊装记录	长期	长期			
②	厂（场）、站工程大型设备安装调试记录	长期	长期			√
4	预应力张拉记录					
①	预应力张拉记录	长期				√
②	预应力张拉孔道压浆记录	长期				√
③	孔位示意图	长期				√
5	沉井工程下沉观测记录	长期				
6	混凝土浇灌记录	长期				
7	管道、箱涵等工程项目推进记录	长期				√
8	构筑物沉降观测记录	长期				√
9	施工测温记录	长期				
10	预制安装水池壁板缠绕钢丝应力测定记录	长期				√
(七)	预检记录					
1	模板预检记录					
2	大型构件和设备安装前预检记录	短期				
3	设备安装位置检查记录	短期				
4	管道安装检查记录	短期				
5	补偿器冷拉及安装情况记录	短期				

续表

序号	归档文件	建设单位	施工单位	设计单位	监理单位	城建档案馆
6	支（吊）架位置、各部位连接方式等检查记录	短期				
7	供水、供热、供气管道吹（冲）洗记录	短期				
8	保温、防腐、油漆等施工检查记录	短期				
（八）	隐蔽检查（验收）记录	长期	长期			√
（九）	工程质量检查评定记录					
1	工序工程质量评定记录	长期	长期			
2	部位工程质量评定记录	长期	长期			
3	分部工程质量评定记录	长期	长期			√
（十）	功能性试验记录					
1	道路工程的弯沉试验记录	长期				√
2	桥梁工程的动、静载试验记录	长期				√
3	无压力管道的严密性试验记录	长期				√
4	压力管道的强度试验、严密性试验、通球试验等记录	长期				√
5	水池满水试验	长期				√
6	消化池气密性试验	长期				√
7	电气绝缘电阻、接地电阻测试记录	长期				√
8	电气照明、动力试运行记录	长期				√
9	供热管网、燃气管网等管网试运行记录	长期				√
10	燃气储罐总体试验记录	长期				√
11	电讯、宽带网等试运行记录	长期				√
（十一）	质量事故及处理记录					
1	工程质量事故报告	永久	长期			√
2	工程质量事故处理记录	永久	长期			√
（十二）	竣工测量资料					
1	建筑物、构筑物竣工测量记录及测量示意图	永久	长期			√
2	地下管线工程竣工测量记录	永久	长期			√
竣 工 图						
一	建筑安装工程竣工图					
（一）	综合竣工图					
1	综合图					√

续表

序号	归档文件	保存单位和保管期限				
		建设单位	施工单位	设计单位	监理单位	城建档案馆
①	总平面布置图（包括建筑、建筑小品、水景、照明、道路、绿化等）	永久	长期			√
②	竖向布置图	永久	长期			√
③	室外给水、排水、热力、燃气等管网综合图	永久	长期			√
④	电气（包括电力、电讯、电视系统等）综合图	永久	长期			√
⑤	设计总说明书	永久	长期			√
2	室外专业图					
①	室外给水	永久	长期			√
②	室外雨水	永久	长期			√
③	室外污水	永久	长期			√
④	室外热力	永久	长期			√
⑤	室外燃气	永久	长期			√
⑥	室外电讯	永久	长期			√
⑦	室外电力	永久	长期			√
⑧	室外电视	永久	长期			√
⑨	室外建筑小品	永久	长期			√
⑩	室外消防	永久	长期			√
⑪	室外照明	永久	长期			√
⑫	室外水景	永久	长期			√
⑬	室外道路	永久	长期			√
⑭	室外绿化	永久	长期			√
(二)	专业竣工图					
1	建筑竣工图	永久	长期			√
2	结构竣工图	永久	长期			√
3	装修（装饰）工程竣工图	永久	长期			√
4	电气工程（智能化工程）竣工图	永久	长期			√
5	给排水工程消防工程竣工图	永久	长期			√
6	采暖通风空调工程竣工图	永久	长期			√
7	燃气工程竣工图	永久	长期			√

续表

序号	归档文件	保存单位和保管期限				
		建设单位	施工单位	设计单位	监理单位	城建档案馆
二	市政基础设施工程竣工图					
1	道路工程	永久	长期			√
2	桥梁	永久	长期			√
3	广场工程	永久	长期			√
4	隧道工程	永久	长期			√
5	铁路、公路、航空、水运等交通工程	永久	长期			√
6	地下铁道等轨道交通工程	永久	长期			√
7	地下人防工程	永久	长期			√
8	水利防灾工程	永久	长期			√
9	排水工程	永久	长期			√
10	供水、供热、供气、电力、电讯等管线工程	永久	长期			√
11	高压架空输电线工程	永久	长期			√
12	污水处理、垃圾处理工程	永久	长期			√
13	场、厂、站工程	永久	长期			
竣 工 验 收 文 件						
一	工程竣工总结					
1	工程概况表	永久				√
2	工程竣工总结	永久				√
二	竣工验收记录					
(一)	建筑安装工程	永久	长期			
1	单位（子单位）工程质量竣工验收记录	永久	长期			√
2	竣工验收证明书	永久	长期			√
3	竣工验收报告	永久	长期			√
4	竣工验收备案表（包括各专项验收认可文件）	永久				√
5	工程质量保修书	永久	长期			√
(二)	市政基础设施工程					
1	单位工程质量评定表及报验单	永久	长期			√
2	竣工验收证明书	永久	长期			√
3	竣工验收报告	永久	长期			√

续表

序号	归档文件	保存单位和保管期限				
		建设单位	施工单位	设计单位	监理单位	城建档案馆
4	竣工验收备案表（包括各专项验收认可文件）	永久	长期			√
5	工程质量保修书	永久	长期			√
三	财务文件					
1	决算文件	永久				√
2	交付使用财产总表和财产明细表	永久	长期			√
四	声像、缩微电子档案					
1	声像档案					
①	工程照片	永久				√
②	录音、录像材料	永久				√
2	缩微品	永久				√
3	电子档案					
①	光盘					
②	磁盘	永久				√

注："√"表示应向城建档案馆移交。

主要参考文献

1 危道军.建筑施工组织 北京：中国建筑工业出版社，2004
2 中国建筑监理协会.建设工程进度控制 北京：中国建筑工业出版社，2003
3 全国一级建造师执行资格考试用书编写委员会.建设工程项目管理 北京：中国建筑工业出版社，2004
4 齐宝库.工程项目管理 大连：大连理工大学出版社，1999
5 刘小军.建筑工程项目管理 北京：高等教育出版社，2002
6 毛小玲，郭晓霞.建筑工程项目管理技术问答.北京：中国电力出版社，2004
7 尹贻林.工程项目管理学.天津：天津科学技术出版社，1997
8 周栩.建筑工程项目管理手册.长沙：湖南科学技术出版社，2003
9 徐蓉，王旭峰，杨勤.土木工程施工项目成本管理与实例.济南：山东科学技术出版社，2004
10 建筑工程施工项目管理丛书编审委员会.建筑工程施工项目成本管理.北京：机械工业出版社，2003
11 卜振华，吴之昕.施工项目成本控制与合同管理 北京：中国建筑工业出版社，2004
12 王长永，李树枫.工程建设监理概论 科学出版社 2003
13 李辉.建筑工程建设资料管理 高等教育出版社 2004
14 项建国.建筑工程项目管理 中国建筑工业出版社 2005